浙江省普通本科高校"十四五"重点教材

高等院校电工电子技术系列教材

现代数字电子技术基础实践

第2版

U0094099

陈龙 牛小燕 马学条 杨柳 编著

机械工业出版社

CHINA MACHINE PRESS

图书在版编目（CIP）数据

现代数字电子技术基础实践 / 陈龙等编著 . —2 版 .—北京：机械工业出版社，2023.2
高等院校电工电子技术系列教材
ISBN 978-7-111-72516-9

Ⅰ. ①现… Ⅱ. ①陈… Ⅲ. ①数字电路 – 电子技术 – 高等学校 – 教材 Ⅳ. ① TN79

中国国家版本馆 CIP 数据核字（2023）第 009886 号

本书是根据国家教育部高等学校电工电子基础课程教学指导分委员会提出的"数字电子技术基础"课程教学基本要求而编写的。

全书共分为 6 章：第 1 章为实验基本知识；第 2 章为数字电路与逻辑设计基本实验；第 3 章为电路仿真设计软件 Multisim 在数字电路实验中的应用；第 4 章为组合电路的自动化设计、仿真及实现；第 5 章为时序电路的自动化设计、仿真及实现；第 6 章为数字系统综合设计实验。附录部分汇编了常用仪器使用说明、常用数字集成电路的引脚排列及逻辑符号、常用文字及图形符号说明、数字电子技术远程实境实验平台操作手册等内容。本书既有助于巩固学生对理论知识的理解，又有助于培养学生的动手能力、设计能力和实践创新能力。

本书可作为高等院校电子、电气、自动化、机电一体化等相关专业的实践指导教程，也可作为相关专业工程技术人员的学习与参考用书。

出版发行：机械工业出版社（北京市西城区百万庄大街 22 号　邮政编码：100037）

策划编辑：王　颖	责任编辑：王　颖
责任校对：梁　园　张　薇	责任印制：李　昂
版　　次：2023 年 3 月第 2 版第 1 次印刷	印　　刷：河北鹏盛贤印刷有限公司
开　　本：185mm×260mm　1/16	印　　张：16.5
书　　号：ISBN 978-7-111-72516-9	定　　价：79.00 元

客服电话：（010）88361066　68326294

前　言

　　为了适应教育事业的发展及国家人才培养的需要，杭州电子科技大学国家级电工电子实验教学示范中心的全体教师在不断提升教学理念的同时，进行了卓有成效的教学改革。本书根据杭州电子科技大学的教学大纲与实践课程设置情况，结合编者多年的教学与科研经验，并参考诸多相关优秀教材编写而成。

　　本书内容十分丰富，由浅入深，逐步加大实验难度和增加复杂性。本书既有验证性实验，又有设计性和应用性综合实验；既有基础实验，又有提高实验；既有硬件电路实验，又有软件仿真实验。本书共分 6 章，具体安排如下。

　　第 1 章介绍数字集成电路的发展史、命名规则及使用规则，给出了数字电路中的常见故障及检测方法，说明了实验的基本要求。

　　第 2 章是本书的核心内容，包括 11 个基本实验，每个基本实验又分为基础实验部分和提高部分。基础实验部分给出了具体的实验方法及实验电路，侧重于使学生掌握课程的基本知识和基本实验技能。提高部分则要求学生根据提示自己拟定实验方案并设计实验电路，着重培养学生对中规模及大规模数字集成电路的设计能力。

　　第 3 章介绍电路仿真设计软件 Multisim 的基本使用方法，详细阐述了如何使用该仿真软件进行组合电路和时序电路的设计。

　　第 4 章基于现代数字电子技术，介绍组合电路的自动化设计、仿真及实现方法。本章包括数字系统自动化设计软件 Quartus II 的使用、组合逻辑宏模块的仿真及测试、组合电路的自动化设计、组合电路的硬件测试、基于远程实境实验平台的硬件测试等内容，并介绍了基于广义译码器模型设计一般组合逻辑电路的通用表述方法，从而给出了能简洁、高效地分析和设计任何类型组合电路的方法。

　　第 5 章基于现代数字电子技术，介绍时序电路的自动化设计、仿真及实现方法。本章包括基于 74 宏模块的计数器设计、基于一般模型的计数器设计、基于 LPM 的时序电路设计、按键消抖电路设计、存储器应用电路设计等实验，介绍了数字计数器的通用模型，给出了任意类型计数器设计的一般方法，能够为学生深入学习现代数字电子技术奠定良好的基础。

第 6 章也是本书的核心内容。在完成基本的数字电子技术学习和入门后，学生要迅速地学会应用基于现代数字电子设计技术的基本方法和基本理念，在学习与实践中培养数字系统设计的自主创新能力。本章介绍了多个综合性数字系统的设计思路和设计方法，并给出对应的实验要求，帮助学生提高数字系统设计的创新能力。本章注重现代数字技术基础知识、理论和方法的介绍，注重工程能力、分析能力和实践能力的培养，搭建了从基础知识学习向创新能力培养逐级递进的阶梯。大量有创意的实验项目训练，可以使学生在数字电子技术的基础理论、实践能力和创新精神三方面都有收获。

本书最后为附录部分，汇编了常用仪器的使用说明、常用数字集成电路的引脚排列及逻辑符号、常用文字及图形符号说明、数字电子技术远程实境实验平台操作手册等内容，供学生在实验、课程设计和毕业设计时查阅。

与本书配套的远程实境实验平台的网址为 www.remote-lab.com，数字电子技术远程实境实验平台配备了 Cyclone 10（或 Cyclone IV）FPGA 核心板、流水灯、交通灯、AD/DA、LCD 显示屏、VGA 显示屏、电机、LED 点阵等电路模块，并集成了双踪示波器、信号发生器、数字可调电源、视频监控等仪器设备。读者可通过电脑、Pad 等终端设备，远程访问和操作远程实验室的硬件设备，随时随地通过实验界面实时获取实验数据，观察实验结果，异地场景在线完成实物实验。

本书由陈龙、牛小燕、马学条、杨柳编著。在本书撰写过程中，我们得到了杭州电子科技大学电工电子国家级实验教学示范中心的老师们的关心与支持，在此表示衷心的感谢。

限于编者水平，书中难免有欠妥、疏漏和错误之处，恳请读者指正。

编者

2022 年 9 月

目　录

第 1 章

实验基本知识

1.1 数字集成电路器件简介

1.1.1 数字集成电路发展史

世界上第一块集成电路的出现是在 1959 年，而我国集成电路的研制工作在 1963 年才开始。最初的几年，我国只能生产一些小规模 TTL 集成电路器件，由于没有标准可循，产品没有规范化。在 1971 年至 1979 年间，我国陆续制定了质量评定标准及 TTL、HTL、ECL、CMOS 等系列器件标准，但限于当时的设备条件和工艺水平，所生产的品种难以与国外通用品种互换，随着技术的不断进步，这些器件逐渐被淘汰。

1979 年后，我国优选国外通用品种作为标准以指导集成电路制造者和使用者的选型，这些品种的质量评定符合国际电工委员会的规定。

目前，国产数字集成电路主要有 TTL、ECL、CMOS 三类产品，其中 TTL 和 CMOS 是产量大、应用广的主流产品。这两类电路围绕着速度、功耗等关键性能指标展开激烈的竞争，因此得到了迅速的发展。而使用者在设计和搭建数字电路时，可以让上述三类产品相互补充，发挥各自所长，从而获得最佳使用效果。

1.1.2 数字集成电路分类

目前生产和使用的数字集成电路种类众多，可以从制造工艺、输出结构和逻辑功能三个方面分别归类如下。

- 按制造工艺，数字集成电路分为：MOS 型、双极型和 Bi-CMOS 型。
- 按输出结构，数字集成电路分为：互补输出/推拉式输出、OD 输出/OC 输出与三态输出。
- 按逻辑功能，数字集成电路分为：与门、或门、非门、与非门、或非门、同或门、异或门，以及与或非门。

几种分类方式的细分内容如下所示。

其中，ECL、TTL 为双极型集成电路，其基本器件为双极型半导体器件，主要特点是速度快、负载能力强，但功率较大、集成度较低。双极型集成电路主要有 TTL（Transistor-Transistor Logic）电路、ECL（Emitter Coupled Logic）电路和 I^2L（Integrated Injection Logic）电路等类型。由于 TTL 电路的性价比最高，因此应用非常广泛，其中又以 74 系列集成电路的应用最为广泛。

MOS 电路为单极型集成电路，又称为 MOS 集成电路，它采用金属－氧化物－半导体场效应晶体管（Metal-Oxide-Semiconductor Field Effect Transistor，MOSFET）制造工艺，主要特点是结构简单、制造方便、集成度高、功耗低，但速度较慢。MOS 集成电路又分为 PMOS（P-channel Metal-Oxide-Semiconductor，P 沟道金属－氧化物－半导体）、NMOS（N-channel Metal-Oxide-Semiconductor，N 沟道金属－氧化物－半导体）和 CMOS（Complementary Metal-Oxide-Semiconductor，互补金属－氧化物－半导体）等类型。MOS 电路中应用最广泛的是 CMOS 电路，CMOS 数字集成电路与 TTL 数字集成电路一起成为两大主流产品。Bi-CMOS 是双极型-CMOS（Bipolar-CMOS）电路的简称，其特点是逻辑部分采用 CMOS 结构，输出级采用双极型晶体管，因此兼有 CMOS 电路功耗低和双极型电路输出阻抗低的优点。

综上所述，CMOS 系列和 TTL 系列是通用性最强、应用最广泛的数字集成电路，因此我们将重点介绍这两个系列。

1. CMOS 数字集成电路的各种系列

早期的 CMOS 产品主要是 4000 系列，由于受当时的制造工艺水平及设备条件限制，4000 系列产品的速度较低，其传输时间约为 100ns，带负载能力较弱，而且不易与当时最流行的逻辑系列——双极型 TTL 相匹配。因此，在多数应用中，4000 系列被后来推出的、能力更强的 CMOS 系列所代替。目前投放市场的 CMOS 产品有 HC/HCT 系列、AHC/AHCT 系列、VHC/VHCT 系列、LVC 系列、ALVC 系列等。

HC/HCT（High-speed CMOS/High-speed CMOS，TTL compatible）是高速 CMOS 逻辑系列的简称。由于在制造工艺上采用了硅栅自对准工艺以及缩短 MOS 管的沟道长度等一系列改进措施，HC 系列产品的传输延迟时间缩短到了 10ns 左右，仅为 4000 系列的十分之一，并且带负载能力也提高到了 4mA 左右。

HCT 系列在传输延迟时间和带负载能力上基本与 HC 系列相同，区别在于它们的工作电压范围和对输入信号电平的要求有所不同。HC 系列的电压范围为 2 ~ 6V，使用起来比较灵活。如果以提高速度为前提，可以选择较高的电源电压；如果以降低功耗为主要目标，可以选用较低的电源电压。但由于 HC 系列电路要求的输入电平与 TTL 电路的输出电平不匹配，因此 HC 系列电路不能与 TTL 电路混合使用。HCT 系列的工作电压固定为 5V，它的输入、输出电平与 TTL 电路的输入、输出电平完全兼容，所以 HCT 系列电路与 TTL 电路可以混合用于同一系统。

AHC/AHCT（Advanced High-speed CMOS/Advanced High-speed CMOS，TTL compatible）是改进的高速 CMOS 逻辑系列的简称。与 HC/HCT 相比，这两种改进后的系列的工作速度及带负载能力都提高了近一倍，同时又与 HC/HCT 系列产品完全兼容，给使用者带来了很大的方便。因此，AHC/AHCT 系列是目前最受欢迎、应用最广的 CMOS 器件。AHC 与 AHCT 系列的区别同 HC 与 HCT 系列的区别一样，主要表现在工作电压范围和对输入电平的不同要求上。

VHC/VHCT 系列与 AHC/AHCT 系列的主要性能基本相近，由于不是同一公司生产的产品，因此在某些具体的参数上会略有不同。

LVC 系列是 TI 公司（德州仪器公司）20 世纪 90 年代推出的低压 CMOS（Low-Voltage CMOS）逻辑系列的简称。LVC 系列不但能在 1.65 ~ 3.3V 的低电压下工作，而且传输延迟时间也缩短至 3.8ns。同时，它又能提供更大的负载电流，在电源电压为 3V 时，最大负载电流可达 24mA。此外，LVC 的输入可以接受高达 5V 的高电平信号，也能够很容易地将5V的电平信号转换为3.3V以下的电平信号，而LVC系列所提供的总线驱动电路又能将3.3V以下的电平转换为5V的输出信号，这就为3.3V系统与5V系统之间的连接提供了便捷的解决方案。

ALVC（Advanced Low-Voltage CMOS）系列是TI公司于1994年推出的改进的低压CMOS逻辑系列。ALVC在LVC的基础上进一步提高了工作速度，并提供了性能更加优越的总线驱动器件。LVC和ALVC是目前CMOS电路中性能最好的两个系列，可以满足高性能数字系统设计的需要，尤其在便携式的移动电子设备中，LVC和ALVC系列的优势更加明显。

表1-1中以TI公司生产的不同系列反相器（74××04）为例，列出了各种CMOS系列电路的主要性能参数。我们讨论的CMOS器件都有形如"54/74FAMnn"的器件号码，其中的FAM为按字母排列的助记符，nn为用数字表示的功能标号，且nn相同的不同系列器件的功能相同。如器件名称54/74HC04中，"54/74"是TI公司产品的标志；"HC"是不同系列的名称，这是高速CMOS系列；后面的数字"04"表示器件具体的逻辑功能，它是一个"六反相器"（即一块芯片上封装了6个相同的反相器）。对于不同系列的器件，只要器件名称中最后的数字相同，它的逻辑功能就相同。但不同系列的器件的电器性能参数就大不一样了。"54"和"74"系列的主要区别在于允许的工作环境温度不同。"54"系列允许的工作环境温度为$-55 \sim +125℃$，而"74"系列允许的工作环境温度为$-40 \sim +85℃$。

表1-1　各种CMOS系列电路的主要性能参数（以74系列为例）

参数名称与符号	74××04					
	74HC	74HCT	74AHC	74AHCT	74LVC	74ALVC
电源电压范围 V_{DD}/V	$2 \sim 6$	$4.5 \sim 5.5$	$2 \sim 5.5$	$4.5 \sim 5.5$	$1.65 \sim 3.6$	$1.65 \sim 3.6$
输入高电平最小值 $V_{IH(min)}/V$	3.15	2	3.15	2	2	2
输入低电平最大值 $V_{IL(max)}/V$	1.35	0.8	1.35	0.8	0.8	0.8
输出高电平最小值 $V_{OH(min)}/V$	4.4	4.4	4.4	4.4	2.2	2.0
输出低电平最大值 $V_{OL(max)}/V$	0.33	0.33	0.44	0.44	0.55	0.55
高电平输出电流最大值 $I_{OH(max)}/mA$	-4	-4	-8	-8	-24	-24
低电平输出电流最大值 $I_{OL(max)}/mA$	4	4	8	8	24	24
高电平输入电流最大值 $I_{IH(max)}/\mu A$	0.1	0.1	0.1	0.1	5	5
低电平输入电流最大值 $I_{IL(max)}/\mu A$	-0.1	-0.1	-0.1	-0.1	-5	-5
平均传输延迟时间 $t_{pd(avg)}/ns$	9	14	5.3	5.5	3.8	2
输入电容最大值 $C_{I(max)}/pF$	10	10	10	10	5	3.5
功耗电容 C_{pd}/pF	20	20	12	14	8	27.5

2. TTL数字集成电路的各种系列

同样以TI公司生产的TTL产品为例，这些最初生产的TTL电路被命名为SN54/74系列，也称为TTL的基本系列。（54系列和74系列的主要区别在于工作环境温度范围和电源允许的变化范围不同。）随着生产工艺水平的不断提高，同时为了满足提高工作速度和降低功耗的需要，54/74 系列之后 TI 公司又相继生产了 74H、74L、74S、74AS、74LS、74ALS、74F 等改进系列。

74H（High-speed TTL，高速 TTL）系列是在基本系列的基础上，通过减小电路中各个电阻的阻值，缩短了传输延迟时间，提高了速度，但同时也增加了功耗。而 74L（Low-power TTL，低功耗 TTL）系列是在基本系列的基础上，通过增大电路中各个电阻的阻值，降低了功耗，但是增加了传输时间。可见，以上两种改进系列都不能满足既降低功耗又缩短传输延迟时间的要求。如果用传输延迟时间和功耗的乘积（delay-power product，dp 积）来表示门电路的综合性能，那么 74H 和 74L 系列的 dp 积并未减小，这也就说明它的综合性能并未得到改善。因此，这两个系列的器件都不是理想器件。

74S（Schottky TTL）系列又称肖特基系列。此系列门电路中的晶体管采用抗饱和晶体管（或称为肖特基钳位晶体管，Schottky-Clamped Transistor）。抗饱和晶体管由普通的双极型晶体管和肖特基势垒二极管（Schottky Barrier Diode，SBD）组合而成。由于 SBD 的开启电压很低，只有 $0.3 \sim 0.4V$，因此当晶体管的 b-c 结进入正向偏置状态以后，SBD 首先导通，并将 b-c 结的正向电压钳位在 $0.3 \sim 0.4V$，使 V_{CE} 保持在 $0.4V$ 左右，从而有效地制止了晶体管进入深度饱和状态。

通过对 74 系列门电路的动态过程分析可以知道，晶体管导通时工作在深度饱和状态是产生传输延迟时间的一个主要原因。而 74S 系列采用的抗饱和晶体管工作在浅饱和状态，大大缩短了传输延迟时间，从而提高了工作速度。

74S 系列门电路结构的另一个特点是用有源电路代替 74 系列中 VT_2 的发射结电阻，为 VT_3 的发射结提供一个有源泄放电路（具体电路可参考理论课教材），从而加速了 VT_3 的导通过程以及从导通变为截止的过程。

此外，引进有源泄放电路还改善了门电路的电压传输特性。所以，74S 系列门电路的电压传输特性中没有线性区，更接近于理想的开关特性。而 74S 系列门电路的阈值电压也比 74 系列要低一些，这是因为 VT_1 为抗饱和晶体管，它的 b-c 间存在 SBD，所以 VT_3 开始导通所需要的输入电压比 74 系列门电路要低一些，约 1V。

74S 系列门电路由于采用抗饱和晶体管以及较小的电阻值，在强化其优点的同时也带来了缺点。首先，电路的功耗加大了。其次，由于输出管 VT_3 脱离了深度饱和状态，导致输出低电平升高（最大值达 0.5V 左右）。

74AS（Advanced Schottky TTL）系列是为了进一步缩短传输延迟时间而设计的改进系列。此系列的电路采用了更低阻值的电阻，从而提高了工作速度。但它的缺点同样是功耗大，比 74S 系列的功耗还略大一些。

为了既提高速度又降低功耗，即得到更小的 dp 积，TI 公司在 74S 系列的基础上又进一步开发了 74LS(Low-power Schottky TTL) 系列，也称为低功耗肖特基系列。

为了降低功耗，此系列电路大幅度地提高了电路中各个电阻的阻值。74LS 系列门电路的功耗仅为 74 系列的 1/5，仅为 74H 系列的 1/10。为了缩短传输延迟时间、提高工作速度，该系列电路沿用了 74S 系列提高工作速度的两个方法——使用抗饱和晶体管和引入有源泄放电路，同时还用 SBD 代替输入端的多发射极晶体管，因为这种二极管没有电荷存储效应，有利于提高工作速度。此外，为进一步加速电路开关状态的转换过程，该系列电路又接入了 VD_3、VD_4 这两个 SBD(具体电路可参考理论课教材)。由于采取了这一系列措施，虽然电路阻值增大了很多，但传输延迟时间仍可达到 74 系列的水平。而最主要的是，74LS 系列的 dp 积仅为 74 系列的 1/5，仅为 74S 系列的 1/3。

另外，74LS 系列电路的电压传输特性与 74S 相同，也没有线性区，而阈值电压也要比 74 系列低，与 74S 系列相同，约为 1V。

74ALS(Advanced Low-power Schottky TTL) 系列是为了获得更小的 dp 积而设计的改进系列，它的 dp 积是 TTL 电路所有系列中最小的一种。为了降低功耗，电路中采用了较高阻值的电阻。同时，通过改进生产工艺，该系列电路缩小了内部各个器件的尺寸，获得了减小功耗、缩短延迟时间的双重效果。此外，电路结构也做了局部改进。

74F(Fast TTL) 系列在速度和功耗两方面都介于 74AS 和 74ALS 系列之间。可见，74F 的出现给设计人员提供了更广阔的选择余地。

在实际使用中，过去相当长的一段时间里都以 74LS 系列作为 TTL 的主流产品。估计在不远的将来，74ALS 系列将会取代 74LS 系列成为 TTL 电路的主流产品。

表 1-2 中以 2 输入四与非门 (74××00) 为例，列出了各种 TTL 系列电路的主要性能参数。对于不同系列的 TTL 电路产品，只要型号最后的数字相同，它们的逻辑功能就是一样的，但电气性能参数可能相差很大。所以，在使用时要有目的地进行选择。

表 1-2　各种 TTL 系列电路的主要性能参数 (以 74 系列为例)

参数名称与符号	74××00					
	74	74S	74AS	74LS	74ALS	74F
输入低电平最大值 $V_{IL(max)}$/V	0.8	0.8	0.8	0.8	0.8	0.8
输出低电平最大值 $V_{OL(max)}$/V	0.4	0.5	0.5	0.5	0.5	0.5
输入高电平最小值 $V_{IH(min)}$/V	2.0	2.0	2.0	2.0	2.0	2.0
输出高电平最小值 $V_{OH(min)}$/V	2.4	2.7	2.7	2.7	2.7	2.7
低电平输入电流最大值 $I_{IL(max)}$/μA	−1.0	−2.0	−0.5	−0.4	−0.2	−0.6
低电平输出电流最大值 $I_{OL(max)}$/mA	16	20	20	8	8	20
高电平输入电流最大值 $I_{IH(max)}$/μA	40	50	20	20	20	20

（续）

参数名称与符号	74××00					
	74	74S	74AS	74LS	74ALS	74F
高电平输出电流最大值 $I_{OH(max)}$/mA	−0.4	−1.0	−2.0	−0.4	−0.4	−1.0
传输延迟时间 t_{pd}/ns	9	3	1.7	9.5	4	3
每个门的功耗/mW	10	19	8	2	1.2	4
dp 积/pJ	90	57	13.6	19	4.8	12

1.2 集成电路的命名规则

1.2.1 我国集成电路的型号命名方法

国家标准 GB 3430—1989《半导体集成电路型号命名方法》中规定了我国半导体集成电路各个品种和系列的命名方法。1977 年我国选取了与国际 54/74TTL 电路系列完全一致的品种作为优选系列品种，并于 1982 年颁布了 GB 3430—1982《半导体集成电路型号命名方法》，1988 年 7 月进行了第一次修订。表 1-3 列出了 GB 3430—1989 标准中器件型号 5 个部分的符号及意义。

表 1-3 半导体集成电路型号命名法（GB 3430—1989）

第一部分：国标		第二部分：电路类型		第三部分：电路系列和代号	第四部分：温度范围		第五部分：封装形式	
符号	意义	符号	意义		符号	意义	符号	意义
C	符合国家标准	B	非线性电路	用数字或数字与字母混合表示器件的系列和代号	C	0 ~ 70℃	B	塑料扁平
		C	CMOS 电路				C	陶瓷片状载体
		D	音响、电视电路		G	−25 ~ 70℃	D	多层陶瓷双列直插
		E	ECL 电路				E	塑料片状载体
		F	线性放大器				F	多层陶瓷扁平
		H	HTL 电路		L	−25 ~ 85℃	G	网格阵列
		J	接口电路				H	黑瓷扁平
		M	存储器				J	黑瓷双列直插
		W	稳压器		E	−40 ~ 85℃	K	金属菱形
		T	TTL 电路				P	塑料双列直插
		μ	微型机电路		R	−55 ~ 85℃		
		AD	A/D 转换器				S	塑料单列直插
		DA	D/A 转换器					
		SC	通信专用电路		M	−55 ~ 125℃	T	金属圆形
		SS	敏感电路					
		SW	钟表电路					

现举例加以说明。

【例1-1】 低功耗肖特基 TTL 双 4 输入与非门的命名，如图 1-1 所示。

图 1-1 低功耗肖特基 TTL 双 4 输入与非门的命名

【例1-2】 CMOS 双 4 输入与非门的命名，如图 1-2 所示。

图 1-2 CMOS 双 4 输入与非门的命名

1.2.2 国外部分公司及产品代号

国外部分公司及产品代号见表 1-4。

表 1-4 国外部分公司及产品代号

公司名称	产品代号	公司名称	产品代号
美国无线电公司（RCA）	CA	日本电气公司（NEC）	μPC
美国国家半导体公司（NSC）	LM	日本日立公司（HIT）	HA，HD
美国摩托罗拉公司（MOTOROLA）	MC	日本东芝公司（TOS）	TA
美国仙童公司（FSC）	μA	日本三洋公司（SANYO）	LA，LB
美国德州仪器公司（TI）	TL，SN	日本索尼公司（SONY）	BX，CX
美国模拟器件公司（ADI）	AD	日本松下公司（PANASONIC）	AN
美国英特尔公司（INTEL）	IC	日本三菱公司（MITSUBISHI）	M
美国悉克尼特公司（SIC）	NE	德国西门子公司（SIEMENS）	T

1.3 数字集成电路的使用规则

1.3.1 CMOS 电路的使用规则

CMOS 电路有很高的输入阻抗，这给使用者带来一定的麻烦，即外来的干扰信号很容易在一些悬空的输入端上感应出较高的电压，以致损坏器件。CMOS 电路的使用规则如下：

1）V_{DD}接电源正极，V_{SS}接电源负极（通常接地），不得接反。CC4000 系列的电源允许电压在 3～18V 范围内选择，实验中一般要求使用 5～15V。

2）所有输入端一律不允许悬空。闲置输入端的处理方法有两种：

①按照逻辑要求，直接接 V_{DD}（与非门）或 V_{SS}（或非门）；

②在工作频率不高的电路中，允许输入端并联使用。

3）输出端不允许直接与 V_{DD} 或 V_{SS} 连接，否则将导致器件损坏。

4）在搭接电路、改变电路连接或插拔器件时，均应切断电源，严禁带电操作。

5）焊接、测试和储存时的注意事项：

①电路应存放在导电的容器内，有良好的静电屏蔽；

②焊接时必须切断电源，电烙铁外壳必须良好接地，或拔下电烙铁电源插头，靠其余热焊接；

③所有的测试仪器必须良好接地。

1.3.2 TTL 集成电路的使用规则

TTL 集成电路的使用规则如下。

1）拿到集成电路器件时，首先要认清定位标记，使集成块正面向上，缺口朝向实验者左边，然后将该器件安放在相同引脚数的实验箱插槽中，最后再按下插槽拨杆，锁紧集成块。

2）电源电压使用范围为 4.5～5.5V（针对 74LS 系列），超过 5.5V 可能会损坏器件，而低于 4.5V，器件的逻辑功能可能会不正常。实验中使用的电源电压 V_{CC} 为 +5V，且电源极性绝对不允许错接。

3）闲置输入端的处理方法：

①悬空，相当于正逻辑 1。对于一般小规模集成电路多余的输入端，实验时允许悬空处理，但易受外界干扰，导致电路的逻辑功能不正常。因此，中规模以上的集成电路所有闲置输入端最好按逻辑要求接入电路，不宜采用悬空的处理方式。

②直接接电源电压 V_{CC}，串接 1～10kΩ 的电阻到电源电压上或接至某一固定电压（2.4～5V）的电源上。

③若前级驱动能力允许，可以与其他使用的输入端并接。

4）TTL 电路输入端通过电阻接地，电阻值的大小将直接影响电路所处的状态。

一般情况下，当 R 小于几百欧时，输入端相当于逻辑 0；当 R 大于几千欧时，输入端相当于逻辑 1。对于不同系列的器件，要求的阻值不同。

5）TTL 集成电路输出端不允许并联使用［集电极开路（OC）与非门和三态（3S）输出门电路除外］，否则不仅会使电路逻辑功能混乱，还会导致器件损坏。

6）输出端不允许直接接地或直接接 +5V 电源，否则将损坏器件。有时为了使后级电路获得较高的输出电压（例如 CMOS 电路），允许输出端通过电阻 R（称为上拉电阻）接至 V_{CC}，一般取 R 为 3 ~ 5.1kΩ。

1.4　数字电路中的常见故障及检测

1.4.1　数字电路中的常见故障

在对已设计好的电路进行实验的过程中，若电路达不到预期的功能，则该电路可能存在故障。产生故障的原因主要有以下几个。

1. 电路设计错误

这里的设计错误，不是指电路逻辑功能错误，而是指所用器件与电路各器件在时序配合上的错误。例如，电路动作的边沿选择与电平选择不恰当；由于电路延迟时间引起的冒险；电路不能自启动，即计数器在进入非工作循环状态后，不能转入正常的循环等。这些都是我们在设计电路时要慎重考虑的因素。

2. 电源问题

电源问题主要表现在两个方面：电源漏接和电源错接。其中，电源漏接现象在学生实验中非常普遍。由于我们在画逻辑电路图时一般不标出电源，这使得学生很容易漏接电源。事实上，每个集成电路只有在加上额定电压时才能正常工作，完成其逻辑功能。其中 V_{CC} 接电源正极，GND 接电源负极。对于 TTL 电路，其电源电压为 +5V，错误的电压值可能导致芯片不能工作，甚至损坏。另外，在接电源时，要防止电源短路。

3. 集成电路使用不当

集成电路使用不当包括以下几个方面的问题：

1）插拔电路不当，造成集成电路引脚弯曲，甚至折断。

2）在电路较复杂，使用集成电路较多时，未弄清集成电路的型号就想当然地接线，比如错把 74LS74 当成 74LS76 接线，这样不但不能实现相应的功能，而且可能烧坏芯片。

3）集成电路的接插方向不一致，错认了其引脚排列顺序。

4. 接线问题

在数字电路实验中，由错误的布线引起的故障约占所有故障的70%。这些故障包括漏接、错接、断线和碰线等。所以，合理的布线是实验成功的保障。

1）布线原则。整齐、清晰、可靠，便于检查和更换芯片。最好不要在芯片周围走线，切忌跨越芯片上空或交错布线。

2）布线技巧。布线前，先对照集成电路的引脚排列顺序在设计的逻辑电路图上标明芯片的引脚号，这样不但接线速度快，不易出错，而且便于检查。另外，尽可能采用不同颜色的导线，如红色线接电源，黑色线接地，绿色线接信号等。

3）布线顺序。布线要有顺序，不要随意乱接线，避免造成漏接。首先将所有芯片的电源、地线和固定不变的输入端（如多余的输入端，触发器不用的清零、置位端等）接好，这些连线要尽可能短，使之尽量接近电源正极和负极，并且尽量在集成电路器件最外围的位置。然后按照信号的流向依次接入信号线、控制线和输出线。除此之外，目前大多数数字电路实验都采用专用的导线在逻辑实验箱上直接连线，实验前有必要对导线进行检查。

5. 电源耦合问题

由于集成电路形成的电源尖峰电流，在电源内阻上就形成了内部干扰电压。如果这个干扰信号足够大，可能就会引起电路故障。为消除电源耦合，可在电源与地之间接入去耦电容。

1.4.2　数字电路中的常见故障检测

在实验中，我们准备做得越充分，实验中的故障就会越少。但完全不出错，每次都成功是比较困难的，尤其是对于较复杂的电路。那么，出了故障怎么办？有的同学束手无策，有的同学则盲目地一遍一遍重接，而错误也一次一次地出现。其实，只要我们清楚数字电路是一个二元系统（只有0和1两种状态）并具有逻辑判断能力，实验故障就不难发现和排除。

一般情况下，接线完毕后不要马上接通电源，要认真检查一下布线，以防错接和漏接。使用万用表欧姆档的×10档测量一下电源与地之间的电阻，以防短路，待检查无误后，再接通电源。接通电源后，若出现故障，要先摸一下芯片是否发烫。

若发烫，则要马上关电源，查找错误，切不可立即更换芯片，以防继续损坏。在确保电源正常的情况下，可进行带电检测。静态检测法和动态检测法是数字电路故障检测的基本方法。所谓静态检测，是指在信号电平固定不变的情况下，检查输出电平；而动态检测是指在输入信号为一串脉冲的情况下，检测输出信号和输入信号的波形。

1）对于组合电路，我们常采用静态检测法。对照真值表一步一步地检查，当输出错误时，固定此时的输入状态，用万用表的直流电压档先测一下各输入电平是否正常，再按照逻辑图一步一步地测量各个门电路的输入、输出电平，看是否与我们的分析一致。表1-5给出了TTL器件在不同情况下的引脚电压范围。除了三态门以外，数字电路的输出要么是高电平，要么是低电平，如果某点出现了中间状态，那么该点就可能有问题。

表1-5　不同情况下的引脚电压范围（TTL器件）

引脚所处状态	测得电压值/V
输入端悬空	≈ 1.4
输入端接低电平	$\leqslant 0.4$
输入端接高电平	$\geqslant 3.0$
输出低电平	$\leqslant 0.4$
输出高电平	$\geqslant 3.0$
出现两输出端短路（两输出端状态不同时）	$0.4 < U < 1.4$

2）对于时序电路，我们可用示波器检查时钟信号是否加上，是否满足电路对时钟的要求，如时钟频率，高低电平，上升、下降时间等。再按信号流程依次检查各级波形，直到找出故障点所在。另外，也可将时钟信号改为"手动单次"脉冲，一步一步地检查。但此时要注意，有些实验箱的"手动单次"脉冲，由于去抖电路做得不好，很可能一次会跳过一个状态。例如，在做计数器实验时，可能会出现"000 – 001 – 011 – …"，即从"001"跳到"011"，因此应选用连续秒脉冲作为时钟信号来观察电路是否正确。

3）对于含有反馈线的闭合电路，应设法断开反馈线，然后再对该电路进行检查或状态预置后再检查。

4）当怀疑某集成电路损坏时，要将其输入、输出端与其他电路断开，单独对其功能进行测试。

5）对于一些典型的故障，要做到心中有数。例如，若输出保持高电平不变，则集成电路可能未接地或接地不良；若输出信号保持与输入信号同样规律的变化，则可能未接电源。

对于 JK 触发器，在时钟作用下，若无论 J、K 如何变化，输出始终处于分频状态，则可判断 J、K 端漏接导线或 J、K 功能失效。对于 CMOS 电路，要预防其特有的失效模式——锁定效应，这是器件固有的故障现象。其原因是器件内部存在正反馈，使工作电流越来越大，直至发热烧坏。当 CMOS 器件工作在较高电源电压或输入、输出信号由于某种原因高于 V_{DD} 或低于 V_{SS} 时，就可能出现锁定效应。因此，在电路中应采取措施加以预防。

1.5 实验要求

1.5.1 课前应做的准备工作

数字电路与逻辑设计实验虽然是一门独立设置的实践性课程，但由于学时数有限，大部分实验原理不可能在实验课上讲解，也就是说，学生在做实验之前必须要掌握实验原理。这就要求学生在实验课前做好充分的准备。

1）仔细阅读实验教程指导书，明确实验目的，清楚有关原理。在书中，每个实验都有较详细的实验原理以及典型器件的应用举例。

2）写好预习报告。事先完成实验报告中的前三项内容，特别是实验任务，必须在课前认真完成，否则不允许动手实验。

1.5.2 实验注意事项

为了在实验中培养学生严谨的科学态度和工作作风，确保人身和设备的安全，顺利有效地完成实验任务，达到预期的实验目的，学生做实验时应注意以下几点：

1）严格遵守学生实验规则。

2）在进入实验室后，首先检查本次实验所用的元器件、仪器仪表是否正常，同时要掌握其使用方法，并根据实验内容选择芯片型号。

3）接线前要先弄清电路图上的节点与实验电路中各芯片引脚的对应关系，布线尽量合理，以防连线短路，养成良好的接线习惯。

4）接好线路后，一定要认真复查，确信无误后，方可接通电源。如无把握，应请教师审查。

5）只有在调试电路或测试电路功能时才打开电源，其他情况下应关掉电源，以免接线错误，或因无意间碰到电路使电路瞬间短路，或带电插接集成芯片等使器件损坏。

6）如有损坏仪器设备等情况发生，必须及时向教师报告，并写出书面情况说明。

7）保持实验室整洁、安静。

8）实验完成后，须经指导教师检查实验结果，然后切断电源，拆除实验电路，整理并放置好实验台上的所有仪器设备、器件、导线等，方可离开实验室。

1.5.3　实验报告的要求

实验结束后认真书写实验报告，实验报告一律采用16开纸，并加以专用的实验报告封面装订整齐。实验报告所含具体内容应包括以下几个部分：

1）实验目的。

2）本次实验所用的仪器及元器件。

3）实验任务。这部分是实验报告最主要的内容。根据每个任务要求，设计出符合要求的实验电路，并结合实验原理，写出设计的全过程。

4）实验总结。把做完的实验内容进行数据整理、归纳，需要画图的画好图；如有曲线，应在坐标纸上完成，并完成课后思考题；最后写出自己的心得体会。

第 2 章

数字电路与逻辑设计基本实验

2.1 TTL 和 CMOS 集成门电路参数测试

2.1.1 实验目的

1）了解 TTL 和 CMOS 逻辑门电路的主要参数及参数意义。

2）熟悉 TTL 和 CMOS 逻辑门电路的主要参数的测量方法。

3）掌握 TTL 和 CMOS 逻辑门电路的逻辑功能及使用规则。

4）掌握数字电路与逻辑设计实验的基本操作规范。

2.1.2 实验仪器及器件

实验所需仪器及器件见表 2-1。

表 2-1 实验所需仪器及器件

序号	仪器或器件名称	型号或规格	数量
1	双踪示波器、数字示波器	CS-4125、DS1022	1
2	数字逻辑实验箱	SBL 型	1
3	指针式万用表	500HA 型	1
4	四 – 2 输入与非门（TTL）	74LS00	1
5	四 – 2 输入与非门（CMOS）	CD4011B	1
6	PC 和仿真软件	Multisim 仿真软件	1

2.1.3 实验原理

早期的逻辑门电路由分立元件构成，体积大，性能差。随着半导体工艺的不断发展，电路设计也随之改进，使所有元器件连同布线都集成在一小块硅芯片上，形成集成逻辑门电路。集成逻辑门电路是最基本的数字集成器件，TTL 逻辑门电路是一类目前使用较普遍的双极型数字集成电路，它的品种数量已超过千种。CMOS 逻辑门电路是在 TTL 电路问世之后所开发出来的另一种应用广泛的数字集成器件。

从发展趋势来看，由于制造工艺的改进，CMOS 器件的性能有可能超越 TTL 成为占主导地位的逻辑器件。CMOS 器件的工作速度可以接近 TTL 器件，而它的功耗和抗干扰能力却大大优于 TTL 器件。早期的 CMOS 门电路为 4000 系列，随后发展为 4000B 系列。当前与 TTL 兼容的 CMOS 器件如 74HCT 系列等，可与 TTL 器件替换使用。通过本次实验，同学们可初步掌握数字集成电路芯片的使用方法及实验的基本操作规范。

表 2-2 罗列了几种常见的逻辑门电路器件。

表 2-2　常见的逻辑门电路器件

类型	TTL	CMOS
与非门	74LS00、74LS10、74LS20	74HC00、CD4011
与门	74LS08、74LS11	74HC08、CD4081
或门	74LS32	CD4071
非门	74LS04、74LS05	CD4069

1. TTL 与非门的参数

本实验采用 TTL 双极型数字集成逻辑门器件 74LS00，它有四个 2 输入与非门，封装形式为双列直插式，引脚排列及逻辑符号如图 2-1 所示，其中 A、B 为输入端，Y 为输出端，输入输出关系为 $Y = \overline{AB}$。TTL 逻辑门电路的主要参数有以下几个。

图 2-1　74LS00 引脚排列及逻辑符号

（1）电源特性参数 I_{CCL}、I_{CCH}

I_{CCL} 是指输出端为低电平时电源提供给器件的电流，即逻辑门的输入端全部悬空或接高电平，且该门输出端空载时电源提供给器件的电流；I_{CCH} 是指输出端为高电平时电源提供给器件的电流，即输入端至少有一个接地，输出端空载时电源提供给器件的电流。注意图 2-1 所示器件，四个门的电源 V_{CC} 引线是连在一起的，实验测量时，所测得的电流是单个门电流的 4 倍。

（2）输入特性参数 I_{IL}、I_{IH}

I_{IL} 是指一个输入端接地，其他输入端悬空或接高电平，从输入端流向接地端的电流；I_{IH} 是指一个输入端接高电平 V_{CC}，其他输入端接地，从高电平 V_{CC} 流向输入端的电流。

（3）电压传输特性参数

电压传输特性是指输出电压 V_O 随输入电压 V_I 变化的关系，图 2-2 所示为 TTL 逻辑门电路电压传输特性曲线。该图为理论的电压传输特性曲线，其中 LS 虚线为低功耗肖特基系列的 TTL 电压传输特性曲线，Sta 实线为标准系列的 TTL 电压传输特性曲线。从特性曲线图中可以得到 TTL 逻辑门电路的主要参数如下。

图 2-2　TTL 逻辑门电路电压传输特性曲线

1）输出低电平 V_{OL}，是指当与非门输入端均接高电平或悬空时的输出电压值。当输出空载时，$V_{OL} \leqslant 0.3V$；当输出接有灌电流负载时，V_{OL} 将上升，其允许最大值 V_{OLmax} 为 0.4V。

2）输出高电平 V_{OH}，是指当与非门有一个或一个以上的输入端接地或接低电平时的输出电压值。当输出空载时，$V_{OH} \approx$ 4.2V；当输出接有拉电流负载时，V_{OH} 将下降，其允许最小值 V_{OHmin} 为 2.4V。

3）开门电平 $V_{ON}(V_{IHmin})$，是指保持输出为低电平的最小输入高电平，一般 $V_{ON} \leqslant$ 1.8V，LS 系列为 1.2V 左右。关门电平 $V_{OFF}(V_{ILmax})$，是指保持输出为额定高电平的 90% 时的最大输入低电平，一般 $V_{OFF} \geqslant 0.8V$。

4）阈值电压 V_{TH}，是指在电压传输特性曲线中输出电压急剧变化中点附近的输入电压值，一般为 1.4V（标准型）或 1.0V（LS 型）。当与非门输入电压为 V_{TH} 时，输入的极小变化可引起输出状态迅速变化，利用这个特性，可以构成多谐振荡器。

5）直流噪声容限 V_N，是指在最坏的条件下，输入端所允许的输入电压变化的极限范围。其中，低电平直流噪声容限 V_{NL} 定义为 $V_{NL} = V_{OFF} - V_{OLmax}$，高电平直流噪声容限 V_{NH} 定义为 $V_{NH} = V_{OHmin} - V_{ON}$。

（4）输出特性参数 N_O

N_O 为扇出系数，是指电路能驱动同类门电路的数目，用以衡量电路带负载的能力。在输出低电平时，假设因灌电流负载造成 V_{OL} 的上升不超过 0.4V，则可从相应的输出特性上查得最大允许的灌电流 I_{OLmax}，由此可算出输出低电平时的扇出系数为 $N_{OL} = I_{OLmax}/I_{ILmax}$。在输出高电平时，假设因拉电流负载造成 V_{OH} 的下降不低于 2.4V，则可从相应的输出特性上查得最大允许的拉电流 I_{OHmax}，由此可得输出高电平时的扇出系数为 $N_{OH} = I_{OHmax}/I_{IHmax}$。

（5）动态特性参数 t_{pd}

t_{pd} 为传输时延，是衡量门电路开关速度的重要指标。如图 2-3 所示，$t_{pd} = (t_{pLH} + t_{pHL})/2$，$t_{pHL}$ 为导通延迟时间，t_{pLH} 为截止延迟时间。

图 2-3　传输时延 t_{pd}

2. TTL 与非门的逻辑功能

根据与非门的工作原理，输入端全为高电平时，输出为低电平，否则输出为高电平。实验时输入端的高低电平可由逻辑开关提供，开关拨上为逻辑 **1**，拨下为逻辑 **0**。输出可用指示灯显示，输出高电平则指示灯亮，输出低电平则灭，这样就可以通过观察指示灯的变化情况，确定输入与输出的逻辑关系。

3. CMOS 与非门的主要参数

CMOS 与非门主要参数的定义与 TTL 电路相仿，从略。但在测试参数的时候，多余输入端的处理与 TTL 电路不同。一般情况下，多余的输入端接电源或者接地（根据芯片逻辑功能要求），但在稳定性要求极高的电路中，多余的输入端还要接保护电路。

2.1.4　实验内容

1. 基础实验部分

（1）TTL 与非门逻辑功能的测试

实验箱总开关处于 OFF 状态，把一块 74LS00 固定在实验箱的插座上，连接 14 脚电源 V_{CC} 至实验箱 +5V 端口，连接 7 脚 GND 至实验箱接地端口，从 74LS00 中任选一个与非门，它的两个输入端 A、B 分别接逻辑开关，由开关提供输入的高、低电平，输出端接指示灯，由指示灯的亮、灭表示输出的高、低电平。改变开关的状态，观察指示灯的变化，将实验结果记录在表 2-3 中。

表 2-3　TTL 与非门逻辑功能测试实验结果

A	B	Y
低	低	
低	高	
高	低	
高	高	

（2）TTL 与非门的参数测试

1）电源电流 I_{CCL}、I_{CCH}。按图 2-4 连接电路，电流表串接在电源与集成块电源引脚之间，注意电流表的量程和极性。当所有的输入端悬空时，电流表读数即为 $4I_{CCL}$；当所有的输入端接地时，电流表读数即为 $4I_{CCH}$。（电流表所测得的值是整个集成块四个与非门电源电流之和，单个门的电源电流仅为所测值的 1/4。）

于是，单个门的静态功耗最大值 $P_{max} = V_{CC}I_{CCL}$。记录：

单个门的 $I_{CCL} = $ _____。

单个门的 $I_{CCH} = $ _____。

单个门的 $P_{max} = $ _____。

2）输入低电平电流 I_{IL}。按图 2-5 连接电路，从与非门输入端中任取一个串接电流表接地，另一输入端悬空，记录电流表读数即为 I_{IL}。记录：

$I_{IL} = $ _____。

图 2-4　与非门电源特性参数测试电路　　　图 2-5　与非门输入低电平电流测试电路

3）输入高电平电流 I_{IH}。按图 2-6 连接电路，从与非门输入端中任取一个串接电流表接电源，另一输入端接地，记录电流表读数即为 I_{IH}。记录：

$I_{IH} = $ _____。

4）扇出系数 N_0。按图 2-7 连接电路，与非门输入端悬空，输出端接电压表，同时连接电流表和电阻 R_L 至电源，R_L 由一个 200Ω 电阻和一个 4.7kΩ 可调电阻（实验箱提供）串联而成，调节 R_L 中可调电阻的阻值，同时观察记录电压表读数 V_0，当其值为 0.4V 时，记录电流表读数 I_0，则 $N_0 = I_0/I_{IL}$。记录：

$I_0 = $ _____。

$N_0 = $ _____。

图 2-6　与非门输入高电平电流测试电路　　　图 2-7　与非门扇出系数测试电路

5）电压传输特性曲线。按图 2-8 连接电路，电位器 $10k\Omega$ 的两个固定端分别接电源和地，可调端接逻辑门的一个输入端，再并接一个电压表，逻辑门的另一个输入端悬空，输出端接另一个电压表。调节电位器，输入电压从零逐渐增大，具体输入电压的变化按表 2-4 提供的数据进行测量。实验完成后，根据所测的数据，在直角坐标纸上画出传输特性曲线，标出 V_{OL}、V_{OH}、V_{ON}、V_{OFF}、V_{TH} 等参数，并求出直流噪声容限。

表 2-4   电压测量记录 （单位：V）

V_I	0	0.3	0.5	0.85	0.9	0.95	1.0	1.05	1.1	1.15	1.2	1.3	1.4	1.5
V_O														

6）传输时延 t_{pd}。t_{pd} 是衡量门电路开关速度的参数，它是指输入波形边沿的 $0.5V_m$ 处至输出波形边沿的 $0.5V_m$ 处的时间间隔，如图 2-3 所示，t_{pHL} 为导通延迟时间，t_{pLH} 为截止延迟时间，传输时延为 $t_{pd} = (t_{pHL} + t_{pLH})/2$。可选用两块 74LS00 或一块 74LS04 按图 2-9 连接电路，用示波器观察振荡波形，从而求出传输时延 t_{pd}。

图 2-8 电压传输特性测试电路

图 2-9 TTL 门电路 t_{pd} 测试电路

2. 提高部分

（1）CMOS 与非门的参数测试

1）电压传输特性。选用型号为 CD4011B 的集成电路，其引脚排列及逻辑符号如图 2-10 所示。实验时按图 2-11 连接电路[⊖]，并将实验数据记录在表 2-5 中。

图 2-10 CD4011B 引脚排列及逻辑符号

图 2-11 CMOS 与非门电压传输特性测试电路

⊖ CMOS 所有多余的输入端均不能悬空，包括用到的和没有用到的门的输入端。

表2-5　电压测量记录　　　　　　　　　（单位：V）

V_I	0	1.0	2.0	2.2	2.3	2.35	2.4	2.45	2.50	2.55	2.6	2.7	2.8	3.0	5.0
V_O															

2）传输时延 t_{pd}。t_{pd} 是衡量门电路开关速度的参数，它是指输入波形边沿的 $0.5V_m$ 处至输出波形边沿的 $0.5V_m$ 处的时间间隔，如图2-3所示，t_{pHL} 为导通延迟时间，t_{pLH} 为截止延迟时间，传输延迟为 $t_{pd} = (t_{pHL} + t_{pLH})/2$。测试电路如图2-12所示，选中 CD4011B 一个与非门，输入端接入 $f \geqslant 100kHz$ 的矩形波，用双踪示波器观察输入、输出波形，测出 t_{pHL} 及 t_{pLH}，从而计算出传输时延 t_{pd}。

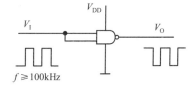

图2-12　CMOS门电路 t_{pd} 测试电路

（2）设计与仿真

用 Multisim 仿真软件设计 TTL 逻辑门电路的传输时延 t_{pd} 测试电路，用软件仿真该电路，并求其传输时延 t_{pd}。

2.1.5　思考题

1. 实验用 TTL 74LS 系列集成电路电源电压的范围是多少？

2. 为什么说与非门是万能门？试说明如何用2输入与非门实现与、或、非逻辑关系。

3. 对于 TTL 门电路，输入端悬空相当于什么电平？多余的输入端在实际接线中应如何处理？

4. 扇出系数 N_O 表示什么含义？怎样求得？在求 N_O 时可以用 I_{IH} 替代 I_{IL} 吗？为什么？

5. 推拉式 TTL 逻辑门输出端能否并联使用？为什么？

6. CMOS 门电路多余的输入端一般怎样处理？

2.2　TTL集电极开路门和三态门逻辑功能测试及应用

2.2.1　实验目的

1）掌握 TTL 集成 OC 门电路的特性与使用方法。

2）了解 OC 门集电极负载电阻 R_L 对 OC 门的影响，学会如何选择 R_L 的值。

3）掌握 TTL 三态门电路的应用。

2.2.2　实验仪器与器件

实验所需仪器及器件见表2-6。

表2-6　实验所需仪器及器件

序号	仪器或器件名称	型号或规格	数量
1	双踪示波器		
2	逻辑实验箱		
3	指针式万用表		
4	四－2输入与非OC门		
5	三态输出四总线缓冲器		
6	PC和仿真软件		

2.2.3　实验原理

数字系统中有时需要把两个或两个以上集成逻辑门的输出端直接并接在一起，实现一定的逻辑功能。对于普通的TTL门电路，由于输出级采用了推拉式输出电路，无论输出是高电平还是低电平，输出阻抗都很低，因此，一般TTL门电路不允许将它们的输出端并接在一起使用。集电极开路门（Open Collector Gate，OC门）的输出端处于开路状态，使用时在输出端与电源之间接一个适当的电阻，就可以使得输出端与输出端直接接在一起。直接接在一起的OC门具有"线与"的功能。

1. OC门

OC门与普通TTL门（如图2-13所示）的区别在于，输出端的集电极处于开路状态（如图2-14所示），使用时需要在输出端接一个适当的电阻至电源。

图2-13　普通TTL门　　　　　　　　　图2-14　OC门

在功能上，允许将 OC 门的输出端直接接在一起使用，实现"线与"功能。本实验采用的集电极开路与非门是四 – 2 输入与非门 74LS01，其内部电路如图 2-14 所示，引脚排列及逻辑符号如图 2-15 所示。

OC 与非门输出管 VT_3 的集电极是开路的，工作时其输出端必须接上拉电阻至电源 V_{CC}，以保证输出电平符合电路要求。几个 OC 门输出端并接时，负载电阻值可由下列两式决定：

$$R_{Lmin} = \frac{V_{CC} - V_{OLmax}}{I_{OLmax} - NI_{IL}}; \quad R_{Lmax} = \frac{V_{CC} - V_{OHmin}}{MI_{OHmin} + NI_{IH}}$$

式中，M 与 N 的值如图 2-16 所示。R_L 取值要介于 R_{Lmin} 和 R_{Lmax} 之间，R_L 的大小还会影响输出波形的边沿时间，在工作速度较高时，R_L 取值应尽量接近 R_{Lmin}。其他类型 OC 门中 R_L 的选取方法与此类同。

图 2-15 74LS01 引脚排列及逻辑符号

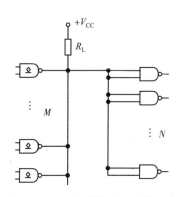

图 2-16 OC 门外部电阻计算电路

OC 门的应用主要有以下三个方面：

1）利用电路的"线与"特性，方便地完成某些特定的逻辑功能；

2）实现多路信息采集，使两路以上的信息共用一个传输通道；

3）实现逻辑电平的转换，以推动荧光数码管、继电器、MOS 器件等较大电流及较高电压的负载。

2. TTL 三态（Three-State Logic，TSL）门

它是在逻辑门的基础上，加上使能控制信号和控制电路构成的。一般门电路的输出只有高、低电平两种状态，但三态门电路的输出有高电平、低电平及高阻态三种状态。

三态输出门按逻辑功能及控制方式可分为几种不同的类型。本实验采用 74LS126 三态输出四总线缓冲器，其引脚排列及逻辑符号如图 2-17 所示。E 为使能

控制端，当 $E=1$ 时为正常工作状态，实现 $Y=A$ 的逻辑功能；当 $E=0$ 时为禁止状态，输出 Y 呈高阻态。高阻态时，电路与负载之间相当于开路，输出端对地电阻和对电源端电阻都近似为无穷大。

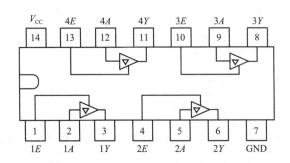

图 2-17　74LS126 引脚排列及逻辑符号

　　三态门电路的主要用途之一是实现总线传输，即用一个传输通道传送多路信息，如图 2-18 所示。电路工作时，各门电路控制端仅有一个处于有效状态，各门电路控制端轮流有效，将各门电路的输出信号轮流送至总线上而互不干扰。在使用时，一定要做到只有需要传输信息的三态门的控制端处于使能有效状态，其余各门皆处于禁止状态。由于三态门输出电路结构与普通 TTL 电路相同，若同时有两个或两个以上三态门的控制端处于使能有效状态，就会出现与普通 TTL 门"线与"时同样的问题，因而这是不允许的。

　　三态门还可以实现信号双向传输，如图 2-19 所示。其工作过程是：当 EN = 1 时，门 G_1 正常工作，门 G_2 处于高阻状态，信号 D_0 经门 G_1 送至总线上；当 EN = 0 时，门 G_1 处于高阻状态，门 G_2 正常工作，总线上的信号经门 G_2 传递到 D_1'。

图 2-18　三态门实现信号分时传递

图 2-19　三态门实现信号双向传输

2.2.4 实验内容

1. 基础实验部分

（1）TTL OC 与非门 74LS01 负载电阻 R_L 的确定

两个 TTL OC 与非门线与后驱动两个 TTL 与非门，按图 2-20 连接实验电路。图 2-20 中负载电阻由 1 个 200Ω 电阻和 1 个 20kΩ 电位器串接而成。取 $V_{CC} = 5V$，$V_{OHmin} = 3.4V$，$V_{OLmax} = 0.4V$。OC 与非门输入端接逻辑开关，接通电源，用逻辑开关改变两个 OC 门的输入 $A_1 B_1$ 和 $A_2 B_2$，使 OC 门线与输出 V_O 为高电平，调节 RP，使 $V_{OH} = 3.4V$，测得此时的 R_L 值即为 R_{Lmax}；再使 OC 门线与输出 V_O 为低电平，调节 RP，使 $V_{OL} = 0.4V$，测得此时的 R_L 值即为 R_{Lmin}。根据 $R_{Lmin} \leq R_L \leq R_{Lmax}$ 选取合适的 R_L 值。

图 2-20　OC 与非门负载电阻的计算

（2）TTL OC 与非门 74LS01 芯片的功能测试

验证 74LS01 芯片中两个 OC 与非门并联时，是否可以实现"线与"的功能。按图 2-21 连接电路，并将实验结果记录在表 2-7 中。

表 2-7　OC 门逻辑功能测试实验结果

输入		输出	
$A_1 B_1$	$A_2 B_2$	$F_1 F_2$	F
00	00		
00	11		
11	00		
11	11		

（3）三态门功能测试

按照图 2-22 将三态输出门 74LS126 输入端 A 接逻辑开关，控制端 E 接另一逻辑开关，输出端 Y 接 LED 指示灯。当输出端 Y 接上拉电阻或者下拉电阻时，改变输入端 A 的电平，测出当 E = 1 或 0 时，输出端 Y 与输入端 A 之间的逻辑关系。将实验结果记录在表 2-8 中。

图 2-21　OC 门实现线与功能测试电路

图 2-22　三态门功能测试电路

表2-8 三态门功能测试实验结果

输入			输出电压/V	输出逻辑电平
输出端	E	A	Y	Y
接上拉电阻	0	0		
		1		
	1	0		
		1		
接下拉电阻	0	0		
		1		
	1	0		
		1		

（4）三态门的应用

按图 2-23 连接电路，接通电源，各输入信号如图 2-23 所示，首先使三个控制端均为"0"，然后轮流使其中之一为"1"。分别用双踪示波器观察，记录输入、输出波形，并分析其结果。

2. 提高部分

1）用 OC 门实现异或功能，要求画出实验电路图，记录数据并验证其逻辑功能。

2）用 Multisim 仿真软件来完成实验内容基础实验部分的实验（4）。

图 2-23 三态门的应用

2.2.5 思考题

1. 门电路的输出结构有几种形式？哪些结构的输出可以并联使用？使用时有哪些注意事项？

2. TTL OC 门使用时为何必须外接电阻 R_L？

3. 在使用总线传输时，总线上能不能同时接 OC 门和三态门？为什么？

4. 在用三态门实现三路信号分时传递的总线实验中，如果在同一个时刻有两个或者两个以上的三态门的控制端处于使能有效状态，将会出现什么后果？

2.3 编码器和译码器的应用

2.3.1 实验目的

1）熟悉编码器和译码器的工作原理与使用方法。

2）掌握中规模集成编码器和译码器的逻辑功能及应用。

3）掌握编码器的设计方法及应用。

4）熟悉数码管的工作原理及使用方法。

2.3.2 实验仪器与器件

实验所需仪器及器件见表2-9。

表2-9 实验所需仪器及器件

序号	仪器或器件名称	型号或规格	数量
1	逻辑实验箱		
2	双踪示波器		
3	指针式万用表		
4	8线－3线编码器		
5	3线－8线译码器		
6	七段译码驱动器		
7	二－4输入与非门		
8	三－3输入与非门		
9	PC和仿真软件		

2.3.3 实验原理

在数字系统中，编码器和译码器都是常用的组合逻辑电路。编码器就是实现编码操作的电路，即将输入的高、低电平信号编成一个对应的二进制码。按照被编码信号的不同特点和要求，编码器可以分为二进制编码器、二－十进制编码器和优先编码器。译码器是编码的逆过程，其功能是将每个输入的代码进行"翻译"，译成对应的输出高、低电平信号，按用途可以分为变量译码器、码制变换译码器和显示译码器。

1. 编码器

根据门电路设计一个编码器，例如设计一个4线－2线编码器。

第一步，根据题意列真值表，见表2-10。

表2-10 4线－2线编码器真值表

输入				输出	
I_3	I_2	I_1	I_0	Y_1	Y_0
0	0	0	1	0	0
0	0	1	0	0	1
0	1	0	0	1	0
1	0	0	0	1	1

第二步，由真值表写出逻辑表达式。

$$\begin{cases} Y_1 = \bar{I}_3 I_2 \bar{I}_1 \bar{I}_0 + I_3 \bar{I}_2 \bar{I}_1 \bar{I}_0 \\ Y_0 = \bar{I}_3 \bar{I}_2 I_1 \bar{I}_0 + I_3 \bar{I}_2 \bar{I}_1 \bar{I}_0 \end{cases}$$

第三步，画出逻辑图。

最后把逻辑表达式变换为与非门和非门形式的表达式，得到 4 线 - 2 线编码器电路，如图 2-24 所示。

典型集成芯片 74LS148 是 8 线 - 3 线优先编码器，其引脚图如图 2-25 所示，其真值表见表 2-11。

图 2-24　4 线 - 2 线编码器电路

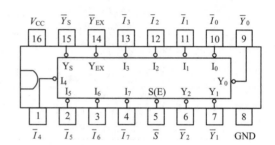

图 2-25　74LS148 引脚图

表 2-11　8 线 - 3 线优先编码器真值表

	输入端								输出端				
$\bar{S}$	$\bar{I}_0$	$\bar{I}_1$	$\bar{I}_2$	$\bar{I}_3$	$\bar{I}_4$	$\bar{I}_5$	$\bar{I}_6$	$\bar{I}_7$	$\bar{Y}_2$	$\bar{Y}_1$	$\bar{Y}_0$	$\bar{Y}_S$	$\bar{Y}_{EX}$
1	×	×	×	×	×	×	×	×	1	1	1	1	1
0	1	1	1	1	1	1	1	1	1	1	1	0	1
0	×	×	×	×	×	×	×	0	0	0	0	1	0
0	×	×	×	×	×	×	0	1	0	0	1	1	0
0	×	×	×	×	×	0	1	1	0	1	0	1	0
0	×	×	×	×	0	1	1	1	0	1	1	1	0
0	×	×	×	0	1	1	1	1	1	0	0	1	0
0	×	×	0	1	1	1	1	1	1	0	1	1	0
0	×	0	1	1	1	1	1	1	1	1	0	1	0
0	0	1	1	1	1	1	1	1	1	1	1	1	0

2. 译码器

译码器是一个多输入、多输出的组合逻辑电路。它的作用是对输入代码进行"翻译"，使输出通道中相应的一路或多路有信号输出。有效电平可以是高电平（称为高电平译码），也可以是低电平（称为低电平译码）。译码器一般有以下几类：

1）变量译码器，一般具有 n 个输入端、2^n 个输出端和一个（或多个）使能控制端。

2）码制变换译码器，用于数据在不同码制之间的相互转换，如 BCD 码二 – 十进制译码器、格雷码与二进制码之间的变换译码器等。

3）显示译码器，用来驱动各种数字、文字或符号的显示器，如共阴极 BCD – 七段显示译码器和共阳极 BCD – 七段显示译码器等，常见的有 2 线 –4 线译码器、3 线 –8 线译码器和 4 线 –16 线译码器等。图 2-26 和图 2-27 所示分别是 3 线 –8 线译码器 74LS138 的引脚图和逻辑符号。

图 2-26　74LS138 引脚图

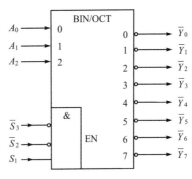

图 2-27　74LS138 逻辑符号

译码器的典型应用之一是实现组合逻辑电路，例如用 3 线 –8 线译码器 74LS138 和门电路设计 1 位二进制全减器电路。输入为被减数、减数和来自低位的借位，输出为两数之差 D 和本位向高位的借位信号 CO。

分析题意可得真值表，见表 2-12，从真值表可以得到 D 和 CO 的表达式：

$$\begin{cases} D = \bar{A}\bar{B}CI + \bar{A}B\overline{CI} + A\bar{B}\overline{CI} + ABCI = \overline{\overline{\bar{A}\bar{B}CI} \cdot \overline{\bar{A}B\overline{CI}} \cdot \overline{A\bar{B}\overline{CI}} \cdot \overline{ABCI}} = \overline{\bar{Y}_7 \cdot \bar{Y}_4 \cdot \bar{Y}_2 \cdot \bar{Y}_1} \\ CO = \bar{A}\bar{B}CI + \bar{A}BCI + \bar{A}B\overline{CI} + ABCI = \overline{\overline{\bar{A}\bar{B}CI} \cdot \overline{\bar{A}BCI} \cdot \overline{\bar{A}B\overline{CI}} \cdot \overline{ABCI}} = \overline{\bar{Y}_7 \cdot \bar{Y}_3 \cdot \bar{Y}_2 \cdot \bar{Y}_1} \end{cases}$$

由此可见，用 3 线 –8 线译码器可以实现上述电路，如图 2-28 所示。从上例中可以看出，3 线 –8 线译码器可以实现多输出函数。

表 2-12　全减器真值表

输入			输出	
A	B	CI	D	CO
0	0	0	0	0
0	0	1	1	1
0	1	0	1	1
0	1	1	0	1
1	0	0	1	0
1	0	1	0	0
1	1	0	0	0
1	1	1	1	1

图 2-28　用 74LS138 实现全减器电路

3. 数码显示译码器

一些数字系统不仅需要译码，还需要把译码的结果显示出来。例如，计数系统需要显示计数结果，测量仪表需要显示测量结果。用显示译码器驱动显示器件，就可以达到显示数据的目的。目前，广泛使用的显示器件是七段数码显示器，七段数码显示器由 a ~ g 七段可发光的线段拼合而成，控制各段的亮或灭，即可显示不同的字符或数字。七段数码显示器有半导体数码显示器和液晶显示器两种。

（1）七段发光二极管数码管

图 2-29 是半导体七段数码管 BS201A 的内部结构，图 2-30 是半导体数码管的外形图及编码规则，这种数码管的每个段都是一个发光二极管（Light Emitting Diode, LED）。LED 的正极称为阳极，负极称为阴极。当加上正向电压时，LED 发光。有的数码管的右下角还增设了一个小数点，形成八段显示。由 BS201A 的等效电路可见，若构成数码管的七个 LED 的阴极连接在一起，则属于共阴结构；若构成数码管的七个 LED 的阳极连接在一起，则属于共阳结构。

a）共阴极连接　　　　　　　　　　　　　b）共阳极连接

图 2-29　半导体七段数码管 BS201A 的内部结构

图2-30 半导体数码管的外形图及编码规则

LED 数码管可用来显示一位 0~9 十进制数和一个小数点，如图2-30 所示。每个 LED 的正向压降通常为 2~2.5V，每个 LED 的点亮电流为 5~10mA。LED 数码管要显示 BCD 码所表示的十进制数字就需要一个专门的译码器，该译码器不但要完成译码功能，还要有相当的驱动能力。

（2）BCD 码七段译码驱动器

BCD 码七段译码驱动器型号有 74LS47（共阳结构）、74LS48（共阴结构）、CC4511（共阴结构）等。本实验采用 74LS48 BCD 码七段译码驱动器，驱动共阴极 LED 数码管。$A_3 \sim A_0$ 是 8421BCD 码输入端，$Y_a \sim Y_g$ 是输出端，为七段显示器件提供驱动信号。显示器件根据输入的数据，可以分别显示数字 0~9。

74LS48 除了完成译码驱动的功能外，还附加了灯测试输入 $\overline{\text{LT}}$、消隐输入 $\overline{\text{BI}}$、灭零输入 $\overline{\text{RBI}}$ 和灭零输出 $\overline{\text{RBO}}$ 等控制信号。由表2-13 可见，当灯测试输入 $\overline{\text{LT}} = 0$ 时，无论输入 $A_3 \sim A_0$ 的状态如何，输出 $Y_a \sim Y_g$ 全部为高电平，使被驱动的数码管七段全部点亮。因此，$\overline{\text{LT}} = 0$ 信号可以检查数码管能否正常发光。

表2-13 共阴极七段译码驱动器 74LS48 的译码表（0~9）

	输入			输出		字型
数字	$\overline{\text{LT}}$ $\overline{\text{RBI}}$	$A_3 A_2 A_1 A_0$	$\overline{\text{BI}}/\overline{\text{RBO}}$	$Y_a Y_b Y_c Y_d Y_e Y_f Y_g$	
0	1 1	0 0 0 0	1	1 1 1 1 1 1 0	0
1	1 ×	0 0 0 1	1	0 1 1 0 0 0 0	1
2	1 ×	0 0 1 0	1	1 1 0 1 1 0 1	2
3	1 ×	0 0 1 1	1	1 1 1 1 0 0 1	3
4	1 ×	0 1 0 0	1	0 1 1 0 0 1 1	4
5	1 ×	0 1 0 1	1	1 0 1 1 0 1 1	5
6	1 ×	0 1 1 0	1	0 0 1 1 1 1 1	6
7	1 ×	0 1 1 1	1	1 1 1 0 0 0 0	7
8	1 ×	1 0 0 0	1	1 1 1 1 1 1 1	8
9	1 ×	1 0 0 1	1	1 1 1 0 0 1 1	9

（续）

输入				输出		字型
数字	$\overline{\text{LT}}$ $\overline{\text{RBI}}$	$A_3 A_2 A_1 A_0$	$\overline{\text{BI}}/\overline{\text{RBO}}$	$Y_a Y_b Y_c Y_d Y_e Y_f Y_g$		
消隐	× ×	× × × ×	0	0 0 0 0 0 0 0		
灭零	1 0	0 0 0 0	1	0 0 0 0 0 0 0		8
灯测试	0 ×	× × × ×	1	1 1 1 1 1 1 1		

当消隐输入 $\overline{\text{BI}}=0$ 时，无论输入 $A_3 \sim A_0$ 的状态如何，输出 $Y_a \sim Y_g$ 全部为低电平，使被驱动的数码管七段全部熄灭。

当 $A_3 A_2 A_1 A_0 = 0000$ 时，本应显示 0，如果此时灭零输入 $\overline{\text{RBI}}=0$，则显示的 0 熄灭。设置灭零输入信号是为了将不希望显示的 0 熄灭。例如，对于十进制数来说，整数部分不代表数值的高位 0 和小数部分不代表数值的低位 0，都是不希望显示的，可以用灭零输入信号将它们熄灭。将灭零输出 $\overline{\text{RBO}}$ 与灭零输入 $\overline{\text{RBI}}$ 配合使用，可以实现多位数码显示的灭零控制。

2.3.4　实验内容

1. 基础实验部分

（1）74LS148 的逻辑功能

测试 8 线 - 3 线优先编码器 74LS148 的逻辑功能，将实验结果记录在表 2-14 中。

表 2-14　8 线 - 3 线优先编码器 74LS148 逻辑功能测试实验结果

输入端									输出端				
$\overline{S}$	$\overline{I_0}$	$\overline{I_1}$	$\overline{I_2}$	$\overline{I_3}$	$\overline{I_4}$	$\overline{I_5}$	$\overline{I_6}$	$\overline{I_7}$	$\overline{Y_2}$	$\overline{Y_1}$	$\overline{Y_0}$	$\overline{Y_S}$	$\overline{Y_{EX}}$
1	×	×	×	×	×	×	×	×					
0	1	1	1	1	1	1	1	1					
0	×	×	×	×	×	×	×	0					
0	×	×	×	×	×	×	0	1					
0	×	×	×	×	×	0	1	1					
0	×	×	×	×	0	1	1	1					
0	×	×	×	0	1	1	1	1					
0	×	×	0	1	1	1	1	1					
0	×	0	1	1	1	1	1	1					
0	0	1	1	1	1	1	1	1					

（2）病房优先呼叫器

每一个病房都有一个按键，当 1 号键按下时，1 灯亮，且其他按键不起作用；

当 1 号键没按下，2 号键按下时，2 灯亮，且不响应 3 号键；只有当 1 号和 2 号键均没有按下，3 号键按下时，3 灯亮。要求用门电路或者译码器等中规模器件设计电路并验证其功能。

（3）用译码器实现多输出函数

用 1 片 74LS138 和 1 片 74LS20 设计 A、B、C 三变量的两组输出函数 Z_1 和 Z_2：当 A、B、C 中有奇数个 1 时，输出 $Z_1 = 1$，否则 $Z_1 = 0$；当 A、B、C 的值（十进制）为偶数（不含 0）时，输出 $Z_2 = 1$，否则 $Z_2 = 0$。要求列出 Z_1 和 Z_2 的逻辑表达式，并利用 74LS138 和 74LS20 实现其功能。

（4）用 74LS153 构成 2 线 – 4 线译码器

要求写出设计过程，并画出电路图。

2. 提高部分

1）用 74LS138 设计判决电路。判决电路由一名主裁判和两名副裁判来决定比赛成绩，在主裁判同意并且两名副裁判中至少有一名同意的条件下，比赛成绩才被认可。

2）用门电路设计四位格雷码到四位二进制码的转换电路，要求写出设计过程，并画出电路图。

3）用 Multisim 软件来设计和仿真实验内容提高部分的实验 2）。

2.3.5 思考题

1. 用于驱动共阳极数码管的译码驱动器的输出是高电平有效还是低电平有效？驱动共阴极的呢？

2. 如何将两个 3 线 – 8 线译码器扩展成一个 4 线 – 16 线译码器？

3. 写出共阴极七段数码显示管 0 ~ 9、A ~ F 对应的译码。

2.4 数据选择器的应用

2.4.1 实验目的

1）了解数据选择器的电路结构和特点。

2）掌握数据选择器的逻辑功能和测试方法。

3）掌握数据选择器的基本应用。

2.4.2 实验仪器与器件

实验所需仪器及器件见表2-15。

表2-15 实验所需仪器及器件

序号	仪器或器件名称	型号或规格	数量
1	逻辑实验箱		
2	指针式万用表		
3	八选一数据选择器		
4	双四选一数据选择器		
5	六反相器		
6	四－2输入与非门		
7	PC和仿真软件		

2.4.3 实验原理

数据选择器又称多路开关，是一种重要的组合逻辑部件。它是多路输入、单路输出的组合电路，能在通道选择信号（或称地址码）的控制下，从多路数据传输中选择任何一路信号输出。在数字系统中，经常利用数据选择器将多条传输线上的不同数字信号，按要求选择其中之一送到公共数据线上。另外，数据选择器还可以完成其他的逻辑功能，例如函数发生器、桶形移位器、并/串转换器、波形发生器等。

1. 用门电路设计四选一数据选择器

四选一数据选择器的表达式为 $Y = \overline{A_1}\,\overline{A_0}D_0 + \overline{A_1}A_0D_1 + A_1\overline{A_0}D_2 + A_1A_0D_3$。由表达式可知：当 $A_1A_0 = 00$ 时，$Y = D_0$；当 $A_1A_0 = 01$ 时，$Y = D_1$；当 $A_1A_0 = 10$ 时，$Y = D_2$；当 $A_1A_0 = 11$ 时，$Y = D_3$。这样就起到数据选择的作用。同时，由表达式可知，可以直接用门电路设计四选一数据选择器，如图2-31所示。

图2-31 用门电路设计四选一数据选择器

2. 双四选一数据选择器74LS153的应用

74LS153数据选择器集成了两个四选一数据选择器，封装为双列直插，引脚排列如图2-32所示，逻辑符号如图2-33所示。其中，D_0、D_1、D_2、D_3为数据输入端，Q为输出端，A_0、A_1为数据选择器的控制端（地址码），同时控制两个数据选择器的输出，$\bar{S}$ 为工作状态控制端（使能端）。74LS153 的功能表见表 2-16。

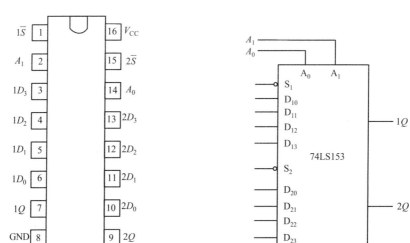

图 2-32　74LS153 引脚排列　　　　　图 2-33　74LS153 的逻辑符号

表 2-16　74LS153 的功能表

输入			输出	
$\bar{S}$	A_1	A_0	$1Q$	$2Q$
1	×	×	0	0
0	0	0	$1D_0$	$2D_0$
0	0	1	$1D_1$	$2D_1$
0	1	0	$1D_2$	$2D_2$
0	1	1	$1D_3$	$2D_3$

用数据选择器 74LS153 实现组合逻辑函数设计举例如下。

当变量数等于地址端的数目时，可以直接用数据选择器来实现逻辑函数。现设逻辑函数 $F(X,Y)=\sum m(1,2)$，则可用一个四选一数据选择器完成，根据数据选择器的定义，$Q(A_1,A_0)=\bar{A}_1\bar{A}_0D_0+\bar{A}_1A_0D_1+A_1\bar{A}_0D_2+A_1A_0D_3$，令 $A_1=X$，$A_0=Y$，$1\bar{S}=0$（使能信号，低电平有效），$1D_0=1D_3=0$，$1D_1=1D_2=1$，那么输出 $Q=F$。

当变量数大于地址端的数目时，可采用降维或者集成芯片扩展的方式，例如用一个 74LS153 实现一位全加器。一位全加器的逻辑函数表达式为

$$\begin{cases}S(A,B,\mathrm{CI})=\sum m(1,2,4,7)\\ \mathrm{CO}(A,B,\mathrm{CI})=\sum m(3,5,6,7)\end{cases}$$

以 CI 为图记变量，降维后 A、B 作为数据选择器的地址端 A_1、A_0，输出 $1Q=S$，$2Q=\mathrm{CO}$，卡诺图分别如图 2-34 和图 2-35 所示，得到数据输入 $1D_0=\mathrm{CI}$，$1D_1=\overline{\mathrm{CI}}$，$1D_2=\overline{\mathrm{CI}}$，$1D_3=\mathrm{CI}$，$2D_0=0$，$2D_1=\mathrm{CI}$，$2D_2=\mathrm{CI}$，$2D_3=1$，构成的逻辑电路如图 2-36

所示。

图 2-34　S 的卡诺图　　　图 2-35　CO 的卡诺图　　　图 2-36　一位全加器的逻辑电路

3. 八选一数据选择器 74LS151 的应用

74LS151 的封装为双列直插，引脚排列如图 2-37 所示，逻辑符号如图 2-38 所示。其中 D_0、D_1、D_2、D_3、D_4、D_5、D_6、D_7 为数据输入端；Q 为输出端；A_0、A_1、A_2 为数据选择器的控制端（地址码），控制数据选择器的数据输出；$\overline{EN}$ 为工作状态控制端（使能端）。74LS151 的功能表见表 2-17。八选一数据选择器的表达式为

$$Q(A_2, A_1, A_0) = \overline{A_2}\,\overline{A_1}\,\overline{A_0}D_0 + \overline{A_2}\,\overline{A_1}A_0D_1 + \overline{A_2}A_1\,\overline{A_0}D_2 + \overline{A_2}A_1A_0D_3 + A_2\,\overline{A_1}\,\overline{A_0}D_4 +$$
$$A_2\,\overline{A_1}A_0D_5 + A_2A_1\,\overline{A_0}D_6 + A_2A_1A_0D_7$$

图 2-37　74LS151 引脚排列

图 2-38　74LS151 逻辑符号

用数据选择器74LS151实现组合逻辑函数举例如下。

表2-17 74LS151的功能表

输入				输出
$\overline{EN}$	A_2	A_1	A_0	Q
1	×	×	×	0
0	0	0	0	D_0
0	0	0	1	D_1
0	0	1	0	D_2
0	0	1	1	D_3
0	1	0	0	D_4
0	1	0	1	D_5
0	1	1	0	D_6
0	1	1	1	D_7

当变量数与地址码的数量一致时，不需要降维或者扩展。例如，逻辑函数 $F(X, Y, Z) = \sum(1, 2, 4, 7)$，令 $A_2 = X$，$A_1 = Y$，$A_0 = Z$，$\overline{EN} = 0$（使能端，低电平有效），$D_1 = D_2 = D_4 = D_7 = 1$，$D_0 = D_3 = D_5 = D_6 = 0$，那么输出 $Q = F$。

当逻辑函数的输入变量数超过数据选择器的地址控制端位数时，必须进行逻辑函数降维或者集成芯片扩展。例如，用一个74LS151实现四位奇偶校验码，当输入变量中有偶数个1时，输出为1，否则输出为0。

根据题意，列出真值表，见表2-18，卡诺图如图2-39所示。降维后即可得到电路图，如图2-40所示。

表2-18 奇偶校验码真值表

输入				输出
A	B	C	D	F
0	0	0	0	0
0	0	0	1	0
0	0	1	0	0
0	0	1	1	1
0	1	0	0	0
0	1	0	1	1
0	1	1	0	1
0	1	1	1	0
1	0	0	0	0
1	0	0	1	1
1	0	1	0	1
1	0	1	1	0
1	1	0	0	1
1	1	0	1	0
1	1	1	0	0
1	1	1	1	1

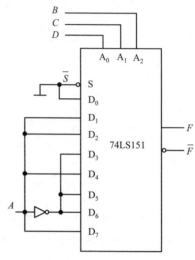

图 2-39 卡诺图和降维卡诺图

图 2-40 电路图

4. 数据选择器的扩展

有些 MUX 采用 3S（即三态）输出结构，这样就为扩展提供了方便。例如，用两个 74LS151 扩展成十六选一的数据选择器，如图 2-41 所示。

图 2-41 数据选择器的扩展

5. 数据选择器的综合应用

数据选择器与分频器结合产生一组不同频率的选择器。如图 2-42 所示，有一振荡频率为 10MHz 且具有较高频率稳定度的晶体振荡器，晶振输出的方波再经 8 级十分频器，就能同时获得频率从 1MHz 到 0.1Hz 的 8 种方波信号，供实验电路选择。

这种选择完全由数据选择器的地址码 $A_2A_1A_0$ 来决定。

图 2-42　数据选择器的综合应用

2.4.4　实验内容

1. 基础实验部分

（1）验证 74LS151 的逻辑功能

按表所列测试，特别注意所测芯片 A_2、A_1、A_0 哪一个是高位；$\overline{EN}$ 端是否低电平有效；当芯片封锁时，输出是什么电平。将测试实验结果记录在表 2-19 中。

表 2-19　74LS151 逻辑功能测试实验结果

输入				输出	
$\overline{EN}$	A_2	A_1	A_0	Q	$\overline{Q}$
1	×	×	×		
0	0	0	0		
0	0	0	1		
0	0	1	0		
0	0	1	1		
0	1	0	0		
0	1	0	1		
0	1	1	0		
0	1	1	1		

（2）用 74LS153 实现一位全加器

用一个 74LS153 及门电路实现一位全加器，用 3 个开关分别代表输入 A、B、CI，用 2 个指示灯分别代表输出 CO、S1。要求写出设计过程，画出逻辑图，并按

表2-20要求改变开关状态，观察2个指示灯的变化，记录实验结果。

表2-20　一位全加器实验结果

A	B	CI	CO	S1
0	0	0		
0	0	1		
0	1	0		
0	1	1		
1	0	0		
1	0	1		
1	1	0		
1	1	1		

（3）用数据选择器实现组合逻辑函数

用八选一数据选择器或者四选一数据选择器设计一个电路，该电路有3个输入逻辑变量A、B、C和1个工作状态控制变量M。当$M=0$时，电路实现"意见一致"功能（若A、B、C状态一致，输出为1，否则输出为0）；当$M=1$时，电路实现"多数表决"功能，即输出与A、B、C中的多数状态一致。

（4）74LS153扩展

将74LS153扩展成一个八选一数据选择器，再实现实验内容基础实验部分的实验3），要求写出设计过程，画出电路图。

2. 提高部分

1）利用八选一数据选择器或四选一数据选择器实现一个输血者血型和受血者血型符合输血规则的电路，输血规则如图2-43所示。

由规则可知，A型血能输给A、AB型，B型血能输给B、AB型，AB型血只能输给AB型，O型血能输给所有四种血型。设输血者血

图2-43　输血规则

型编码是X_1X_2，受血者血型编码是X_3X_4，符合输血规则时，电路输出为1，否则为0。

2）试用八选一数据选择器74LS151或四选一数据选择器74LS153以及适当的门电路设计一个路灯控制电路。要求在四个不同的地点都能独立地开灯和关灯。写出设计过程，并且验证设计结果是否正确。（提示：可以把四个地点的开关当作四个变量，当变量为奇数个1时，路灯亮，为偶数个1时，路灯灭。）

3）利用74LS151数据选择器实现判断电路。学生选修课程及学分见表2-21，

每个学生至少选满6个学分，但是课程A、B因时间冲突，不能同时选修。利用数据选择器实现判断电路，满足要求时输出为1，否则为0。写出设计过程，并且验证设计结果是否正确。

表2-21 学生选修课程及学分

课程	学分
A	5
B	4
C	3
D	2
E	1

4）用两个74LS153和一个七段数码管（实验箱上提供，已有译码器）构成数据显示器，实验要求电路在任意时刻都能显示1（0001）、6（0110）、9（1001）、8（1000）四个数据之一，由地址码控制串行显示。

5）用74LS153来实现实验内容提高部分的实验3）。

6）用Multisim软件来设计和仿真实验内容提高部分的实验3）和实验5）。

2.4.5 思考题

1. 说明数据选择器的地址输入端和选通端各有什么作用。

2. 如何用74LS151设计4位奇偶校验电路？

3. 如何用74LS151实现10110111序列信号？

4. 数据选择器地址端的权重高低与被选函数的输入数据有什么联系？

2.5 全加器的应用

2.5.1 实验目的

1）了解算术运算电路的结构。

2）掌握半加器与全加器二者之间的区别和联系。

3）掌握74LS283先行进位全加器的逻辑功能和特点。

4）掌握全加器的应用。

2.5.2 实验仪器与器件

实验所需仪器及器件见表2-22。

表 2-22　实验所需仪器及器件

序号	仪器或器件名称	型号或规格	数量
1	逻辑实验箱		
2	指针式万用表		
3	4 位二进制全加器		
4	六反相器		
5	四 – 2 输入异或门		
6	四 – 2 输入与非门		
7	三 – 3 输入与非门		
8	PC 和仿真软件		

2.5.3　实验原理

算术运算电路是许多数字设备的核心部件。算术运算主要有加、减、乘和除四种模式，其中加法是最基本的算术运算，因为其他几种运算都可以转换为加法。算术运算电路按照电路结构的不同可以分为组合式和时序式两类，选用时，主要根据使用场合、运算速度、精度及成本等指标要求而定。本次实验以组合逻辑电路加法器为核心器件来实现加、减运算。

1. 半加器

半加器，即不考虑低位的进位输入的加法器，其竖式计算如下：

$$\begin{array}{r} A \\ + \quad B \\ \hline \text{CO}\ S \end{array}$$

例如，设计一位二进制的半加器。半加器真值表见表 2-23。

表 2-23　半加器真值表

A	B	S	CO
0	0	0	0
0	1	1	0
1	0	1	0
1	1	0	1

由真值表得到 $S = \overline{A}B + A\overline{B}$，$\text{CO} = AB$，由表达式得到用门电路实现的半加器电路及其逻辑符号，如图 2-44 所示。

2. 全加器

相对半加器而言，全加器不仅要考虑两数相加，还要考虑低位向本位的进位，

a) 电路　　　b) 逻辑符号

图 2-44　半加器电路及其逻辑符号

其竖式计算如下：

$$A$$
$$B$$
$$+ \quad CI(低位的进位)$$
$$\overline{\qquad\qquad\qquad}$$
$$CO \quad S$$

例如，设计一位二进制的全加器。一位全加器真值表见表2-24，S 和 CO 的卡诺图如图2-45所示，由卡诺图化简得到 S 和 CO 的表达式为 $S = \overline{A}\,\overline{B}\,CI + AB\,\overline{CI} + \overline{A}B\,\overline{CI} + ABCI$，$CO = AB + BCI + ACI$。最后得到一位全加器逻辑电路图，如图2-46所示，全加器逻辑符号如图2-47a所示。

表2-24　全加器真值表

输入			输出	
A	B	CI	S	CO
0	0	0	0	0
0	0	1	1	0
0	1	0	1	0
0	1	1	0	1
1	0	0	1	0
1	0	1	0	1
1	1	0	0	1
1	1	1	1	1

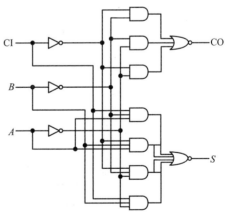

图2-45　一位全加器卡诺图　　　　图2-46　一位全加器逻辑电路图

一位全加器可以扩展成两位的串行全加器，把低位的进位输入端接地，低位的进位输出端接到高位的进位输入端，如图2-47b所示。另外，也可以将两个一位半加器扩展成一个一位全加器。

a) 全加器逻辑符号　　　　　　　　　　b) 全加器扩展

图 2-47　全加器逻辑符号及其扩展

3. 集成全加器芯片 74LS283 的应用

74LS283 是 TTL 双极型并行 4 位全加器，特点是先行进位，因此运算速度很快，其封装为双列直插，引脚排列和逻辑符号如图 2-48 所示。它有两组 4 位二进制数输入 $A_4A_3A_2A_1$ 和 $B_4B_3B_2B_1$，一个低位向本位的进位输入 CI，一组二进制数输出 $S_4S_3S_2S_1$，一个最高位的进位输出 CO。该器件所完成的 4 位二进制加法运算如下：

$$
\begin{array}{cccc}
A_4 & A_3 & A_2 & A_1 \\
B_4 & B_3 & B_2 & B_1 \\
\hline
+ & & & CI \\
\hline
CO\ S_4 & S_3 & S_2 & S_1
\end{array}
$$

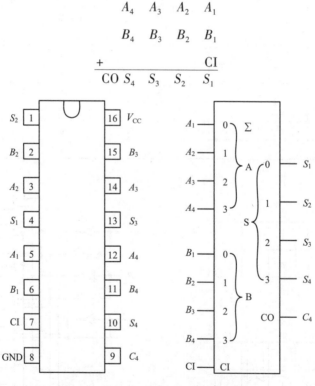

图 2-48　74LS283 引脚排列和逻辑符号

74LS283 的基本应用如下。

（1）完成 4 位二进制数加法

因为 74LS283 本身是全加器，所以可以直接进行 4 位二进制数的加法，例如：若 $A_4A_3A_2A_1 = 1001$，$B_4B_3B_2B_1 = 1101$，$CI = 0$，则输出为 $C_4S_4S_3S_2S_1 = 10110$。

（2）实现码组变换

有些码组变换存在加法关系，如8421BCD码转换至余3码，只要在8421BCD码基础上加3（0011）即可实现变换。

（3）8421BCD码加法器

由于BCD码的二进制值不超过9，故两个BCD码相加之和不会大于$9+9+1=19$（1为进位输入）。两数相加之和真值表见表2-25。1位BCD码要用4位二进制数来表示，但是4位二进制数与1位BCD码并不完全对应。例如，若对4位二进制数1001加1则为1010，而对8421BCD码1001（9）再加1后则为10000（10），即用4位二进制数表示1位8421BCD码时应禁止出现1010~1111这6个码组。因此，74LS283二进制全加器进行BCD码运算时，需要在组间进位方式上加一个校正电路，使原来的逢16进1自动校正为逢10进1。所以，进行BCD码加法时，分为两步：第一步是将BCD码按二进制加法运算规则进行。第二步是对运算结果进行判断，若和数大于9或有进位$CO=1$，则电路加6（0110），并在组间产生进位；若和数小于或等于9，则保留该运算结果，即加0（0000）。二进制数6和0只有中间两位不同，可以设为$0PP0$，用校正电路使$P=0$或1来产生0或6，校正电路真值表见表2-26，得到的卡诺图如图2-49所示，经化简得到的表达式为

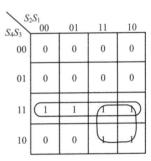

图2-49 由真值表得到的卡诺图

$$P = S_4 S_3 + S_4 S_2 + C_4$$

表2-25 两数相加之和真值表

十进制数	二进制加法器的输出（校正电路的输入）					BCD码的输出				
列	C_4	S_4	S_3	S_2	S_1	C_4	S_4	S_3	S_2	S_1
0	0	0	0	0	0	0	0	0	0	0
1	0	0	0	0	1	0	0	0	0	1
2	0	0	0	1	0	0	0	0	1	0
3	0	0	0	1	1	0	0	0	1	1
4	0	0	1	0	0	0	0	1	0	0
5	0	0	1	0	1	0	0	1	0	1
6	0	0	1	1	0	0	0	1	1	0
7	0	0	1	1	1	0	0	1	1	1
8	0	1	0	0	0	0	1	0	0	0
9	0	1	0	0	1	0	1	0	0	1
10	0	1	0	1	0	1	0	0	0	0
11	0	1	0	1	1	1	0	0	0	1

（续）

十进制数	二进制加法器的输出（校正电路的输入）					BCD 码的输出				
列	C_4	S_4	S_3	S_2	S_1	C_4	S_4	S_3	S_2	S_1
12	0	1	1	0	0	1	0	0	1	0
13	0	1	1	0	1	1	0	0	1	1
14	0	1	1	1	0	1	0	1	0	0
15	0	1	1	1	1	1	0	1	0	1
16	1	0	0	0	0	1	0	1	1	0
17	1	0	0	0	1	1	0	1	1	1
18	1	0	0	1	0	1	1	0	0	0
19	1	0	0	1	1	1	1	0	0	1

表 2-26　校正电路真值表

C_4	S_4	S_3	S_2	S_1	P
1	×	×	×	×	1
0	1	0	1	0	1
0	1	0	1	1	1
0	1	1	0	0	1
0	1	1	0	1	1
0	1	1	1	0	1
0	1	1	1	1	1

由此得到 BCD 码加法电路图如图 2-50 所示，输出低 4 位是 $L_4L_3L_2L_1$，高 4 位用 1 位 L_5 表示即可，因为两个 1 位 BCD 码相加最大是 19，高位不会大于 1。其中，3

图 2-50　BCD 码加法电路图

输入与非门电路74LS10引脚排列及逻辑符号如图2-51所示。

（4）实现两个4位二进制数相减

两个4位二进制数相减可以看作两个带符号的4位二进制数相加，即原码的相减变为补码的相加，而正数的补码就是其本身，负数的补码是其反码加1，这样，$A - B = A + (-B)$，就可利用74LS283实现减法运算。A数照常输入，B数通过反相器输入，加1可以通过使 CI = 1得到，

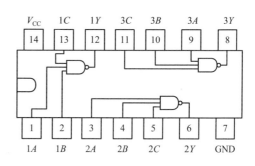

图 2-51 74LS10引脚排列及逻辑符号

这样输出的结果就是两数之差，但是这个结果为补码，要通过 CO 来判断结果的正负。例如，7-3（原码 0111 - 0011）转化为补码相加为 0111 + 1101 = 10100，这里 CO = 1，结果为正数，补码 0100 等于原码，即结果为 +4；而 3 - 7（原码 0011 - 0111）转化为补码相加为 0011 + 1001 = 01100，这里 CO = 0，结果为负数，补码 1100 还要再求补一次才能得到正确的原码，1100 求补为 0100，即结果为 -4。按习惯，把 CO 通过非门取反作为符号位。加法器完成的减法计算电路如图2-52所示，其中，74LS86为四异或门，其引脚排列及逻辑符号如图2-53所示，74LS04引脚排列及逻辑符号如图2-54所示。

图 2-52 加法器完成的减法计算电路

图2-53　74LS86引脚排列及逻辑符号

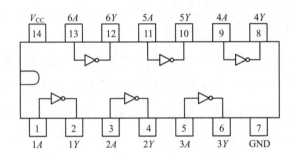

图2-54　74LS04引脚排列及逻辑符号

2.5.4　实验内容

1. 基础实验部分

（1）利用74LS283加法器实现二进制加法

将实验结果记录在表2-27中。

表2-27　加法器功能测试实验结果

A_4	A_3	A_2	A_1		B_4	B_3	B_2	B_1		CI		C_4	S_4	S_3	S_2	S_1

（2）利用74LS283四位二进制加法器实现8421BCD码转换为余3码的电路

要求写出设计全过程，画出逻辑电路图并填写表2-28。

表2-28　8421BCD码转换为余3码

8421BCD 码				余3码
0	0	0	0	
0	0	0	1	
0	0	1	0	

（续）

8421BCD 码	余 3 码
0　0　1　1	
0　1　0　0	
0　1　0　1	
0　1　1　0	
0　1　1　1	
1　0　0　0	
1　0　0　1	

（3）实现一位 8421BCD 码的加法运算

用两个 74LS283 及门电路实现，要求写出设计全过程，画出逻辑图。输入用逻辑开关，输出用指示灯，改变开关状态，观察输出指示灯的变化，并将实验结果记录在表 2-29 中。

表 2-29　一位 8421BCD 码的加法实验结果

A_4 A_3 A_2 A_1	B_4 B_3 B_2 B_1	CI	C_4 S_4 S_3 S_2 S_1
0　1　0　1	0　0　1　0		
0　0　1　1	0　1　1　1		
0　1　1　0	1　0　0　1		

（4）实现两个 4 位二进制数的减法

根据前面讲过的利用加法器来实现减法运算的原理，此电路必须分两步进行，所以要用两个 74LS283 及适当的门电路完成连接，输入用逻辑开关表示，输出用指示灯，改变开关状态，观察输出指示灯的变化，并将实验结果记录在表 2-30 中。

表 2-30　两个 4 位二进制数的减法实验结果

A_4 A_3 A_2 A_1	B_4 B_3 B_2 B_1	CI	C_4 S_4 S_3 S_2 S_1
0　1　0　1	0　0　1　0		
0　0　1　1	1　0　0　1		
0　1　1　0	1　1　0　1		

（5）用门电路设计出一位半加器，并且由半加器扩展成一位全加器

要求写出设计全过程，画出逻辑电路图。

2. 提高部分

1）用适当的门电路设计一个二进制原码－反码选择器，要求写出设计过程，画出逻辑图，并且检测电路是否正确。（提示：用变量 M 来判断是原码还是反码。）

2）试用异或门和集成 4 位二进制全加器 74LS283 构成一个无符号数的 4 位并行加、减运算电路。要求当控制信号 $X=0$ 时，电路实现加法运算；$X=1$ 时，电路实现减法运算。

3）用适当的门电路和 74LS283 来完成 8421BCD 码到 2421BCD 码的转换电路。要求写出设计过程，并根据表 2-31 检验设计结果是否正确。（提示：分析 8421BCD 码到 2421BCD 码是否有特殊对应的加法关系。）

表 2-31   8421BCD 码与 2421BCD 码对应表

十进制数	8421BCD 码				2421BCD 码			
	P	Q	R	S	D	C	B	A
0	0	0	0	0	0	0	0	0
1	0	0	0	1	0	0	0	1
2	0	0	1	0	0	0	1	0
3	0	0	1	1	0	0	1	1
4	0	1	0	0	0	1	0	0
5	0	1	0	1	1	0	1	1
6	0	1	1	0	1	1	0	0
7	0	1	1	1	1	1	0	1
8	1	0	0	0	1	1	1	0
9	1	0	0	1	1	1	1	1

4）用 74LS283 和门电路实现 4 位 ×4 位的乘法器，并用 Multisim 软件进行仿真。

2.5.5　思考题

1. 如何实现余 3 码到 8421BCD 码的转换？

2. 如何实现两个 1 位 8421BCD 码的减法？可以用二进制的减法电路来完成 8421BCD 码的减法吗？为什么？

3. 设计 8421BCD 码加法中的校正电路，写出设计过程，并画出电路。

4. 串行进位加法器和超前进位加法器有何区别？它们各有什么优缺点？

5. 怎样用两个半加器构成一个一位全加器（设计中用逻辑符号来表示半加器）？

2.6　组合逻辑电路的设计

2.6.1　实验目的

1）掌握用基本门电路进行组合电路设计的方法。

2）掌握用中规模集成电路设计组合电路的方法。

3）通过实验验证设计的正确性。

2.6.2 实验仪器与器件

实验所需仪器及器件见表2-32。

表2-32 实验所需仪器及器件

序号	仪器或器件名称	型号或规格	数量
1	逻辑实验箱		
2	万用表		
3	四－2输入与非门		
4	六反相器		
5	三－3输入与非门		
6	二－4输入与非门		
7	四－2输入异或门		
8	PC和仿真软件		

2.6.3 实验原理

中小规模组合逻辑电路的设计流程如图2-55所示。

图2-55 中小规模组合逻辑电路的设计流程

组合逻辑电路的设计一般按以下几个步骤进行：

1）根据任务要求把一个实际问题转化为逻辑问题，即逻辑抽象。

2）根据实际逻辑问题的要求（输入、输出之间的因果关系），列出真值表。再由真值表写出逻辑函数表达式，或者根据要求直接写出逻辑函数表达式。

3）进行逻辑化简或变换，得到最简逻辑函数表达式。根据采用的器件类型对逻辑式进行适当变换，如变换成与非－与非表达式、或非－或非表达式等。

4）画出逻辑图，选择合适的器件构成功能电路。

5）检测电路是否正确，如果电路的稳定性不够好，就需要检查故障并修改电路的设计，使电路趋于完善。

在以上几个步骤中，逻辑抽象的工作至关重要，通常包括以下几个方面：

1）分析事件的因果关系，确定输入、输出变量。一般总是把引起事件的原因定为输入变量，而把事件的结果作为输出变量。

2）定义逻辑状态的含义。以二值逻辑的0、1两种状态分别代表输入变量和输出变量的两种不同状态。此时，0和1的具体含义完全由设计者人为选定。这项工作也称为逻辑状态赋值。

3）根据给定的因果关系列出逻辑真值表。

可以看出，整个设计过程中，第一步最关键，如果题意理解错误，则设计出来的电路就不会符合要求。同时，逻辑函数的化简也是一个重要的环节，通过化简，可以用较少的逻辑门实现相同的逻辑功能，这样一来，可降低成本、节约器件，以及增加电路的可靠性。随着集成电路的发展，化简的意义已经演变成怎样使电路最佳，所以，设计中必须考虑电路的稳定性，即有无竞争冒险现象，如果有，则需要采用适当的方法予以消除。

1. 用基本门电路设计组合逻辑电路

【例2-1】　某设备有开关A、B、C，具体执行时要求只有在开关A接通的条件下开关B才能接通，开关C只有在开关B接通的条件下才能接通。违反这一规则，发出报警信号。设计一个由与非门组成的能实现这一功能的报警控制电路。

分析：第一步，根据题意进行逻辑抽象，该报警电路的输入变量是三个开关A、B、C的状态，设用1表示开关接通，用0表示开关断开，该电路的输出报警信号为F，F为1表示报警，F为0表示不报警。

第二步，在分析题意的基础上列出真值表（见表2-33），并用卡诺图化简，如图2-56所示，由真值表得到函数表达式$F = \sum m(1, 2, 3, 5)$。

表2-33　真值表

A	B	C	F
0	0	0	0
0	0	1	1
0	1	0	1
0	1	1	1
1	0	0	0
1	0	1	1
1	1	0	0
1	1	1	0

第三步，由卡诺图化简得到 F 的最简表达式为 $F = \overline{A}B + \overline{B}C = \overline{\overline{AB}} + \overline{\overline{BC}} = \overline{\overline{AB}\cdot\overline{BC}}$。

第四步，由表达式画出逻辑电路图，如图2-57所示。

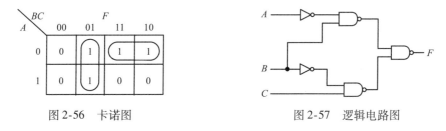

图2-56　卡诺图　　　　　　　　　　　　　图2-57　逻辑电路图

第五步，选择合适的器件构成电路，检测电路是否正确，并且测试电路的稳定性，修改或者增加电路使得电路稳定性更好。

2. 用中规模集成器件实现组合逻辑电路

中规模集成器件多数是专用功能器件，但利用它们可以实现一些特定的逻辑函数。

【例2-2】　用中规模器件设计一并行数据检测器，当输入的4位二进制码中有奇数个1时，输出 F_1 为1；当输入的4位二进码是非8421BCD码时，输出 F_2 为1；其余情况 F_1、F_2 均为0。

分析：根据题意，我们可以得到 F_1、F_2 的真值表（见表2-34）以及相应的卡诺图，如图2-58和图2-59所示。可以选用两种不同的中规模器件来完成以上功能。

表2-34　F_1、F_2真值表

D	C	B	A	F_1	F_2
0	0	0	0	0	0
0	0	0	1	1	0
0	0	1	0	1	0
0	0	1	1	0	0
0	1	0	0	1	0
0	1	0	1	0	0
0	1	1	0	0	0
0	1	1	1	1	0
1	0	0	0	1	0
1	0	0	1	0	0
1	0	1	0	0	1
1	0	1	1	1	1
1	1	0	0	0	1
1	1	0	1	1	1
1	1	1	0	1	1
1	1	1	1	0	1

图 2-58　F_1 卡诺图　　　　　　　　　　图 2-59　F_2 卡诺图

1）用 74LS151 八选一数据选择器来实现。因为输入是四变量的函数，而 74LS151 八选一数据选择器是 3 地址输入的数据选择器，所以首先要进行降维或者扩展。因为输出是两个变量，所以必须要用两个 74LS151 来分别实现，最后得到的电路如图 2-60 和图 2-61 所示。

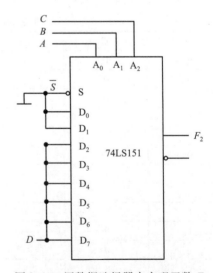

图 2-60　用数据选择器来实现函数 F_1　　　图 2-61　用数据选择器来实现函数 F_2

2）用 4 线 – 16 线译码器 74LS154 来实现。因为译码器是多输入、多输出的逻辑器件，所以一个 74LS154 可以同时实现 F_1 和 F_2 的功能，电路如图 2-62 所示。

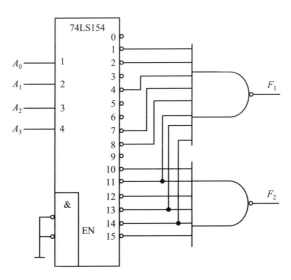

图2-62　用4线-16线译码器来实现函数 F_1 和 F_2

2.6.4　实验内容

1. 基础实验部分

1）用适当的门电路设计一个能对4路数据进行任意选择的数据选择器。设4路数据分别为 $A_1 = 1$，$A_2 =$ 逻辑开关，$A_3 = 1\text{Hz}$ 脉冲信号，$A_4 =$ 点动脉冲。要求写出设计全过程。

2）用2输入异或门和与非门设计一个路灯控制电路。当总开关闭合时，安装在三个不同地方的三个开关都能独立地控制路灯的亮或灭；当总开关断开时，路灯不亮。

3）设计一个密码锁。密码锁的密码可以由设计者自行设定，设该锁有4位二进制代码 $A_3A_2A_1A_0$ 的输入端和一个开锁钥匙信号 B 的输入端，当 $B = 1$（有钥匙插入）且符合设定的密码时，允许开锁信号输出 $Y_1 = 1$（开锁），报警信号输出 $Y_2 = 0$；当有钥匙插入但是密码不对时，$Y_1 = 0$，$Y_2 = 1$（报警）；当无钥匙插入时，无论密码对否，$Y_1 = Y_2 = 0$。

4）用双四选一数据选择器74LS153来实现三人表决电路。

5）工厂有三个车间，每个车间各需 1kW 电力，共有两台发电机供电，一台是 1kW，另一台是 2kW。三个车间经常不同时工作，某时刻可能有一个车间、两个车间或者三个车间工作，为了节省资源，又保证电力供应，请设计一个逻辑控制电路，该电路能自动完成配电任务。

2. 提高部分

1）设计一个计算机房的上机控制电路。此控制电路有 X、Y 两个控制端，控制上午时的取值为 01，控制下午时的取值为 11，控制晚上时的取值为 10。A、B、C 为需要上机的三位学生，其上机的优先顺序为：上午为 ABC，下午为 BCA，晚上为 CAB。电路的输出 F_1、F_2 和 F_3 为 1 时，分别表示 A、B 或 C 能上机。试用与非门实现该电路，要求写出设计全过程，并画出逻辑电路图。

2）用八选一数据选择器 74LS151 或者四选一数据选择器 74LS153 来完成二进制码转换为 8421BCD 码的变换电路。要求写出设计全过程，并画出逻辑电路图。

3）用 Multisim 仿真软件来设计实验内容提高部分的实验1）和实验2）。

2.6.5　思考题

1. 什么是冒险现象？如何判断一个组合逻辑电路中是否存在冒险现象？

2. 在出现冒险现象的电路输出端串接两个非门电路能消除冒险现象吗？试分析上述做法是否合乎逻辑，并在实验中验证。

3. 最简的组合电路是否就是最佳的组合电路？如何修改本实验例 2-1 使系统更稳定？

2.7　触发器与计数器的应用

2.7.1　实验目的

1）掌握触发器的功能及触发特性。

2）了解计数器的基本结构，掌握用触发器构成计数器的方法。

3）理解分频和计数的概念，掌握任意进制计数器的构成方法。

2.7.2　实验仪器与器件

实验所需仪器及器件见表 2-35。

表 2-35　实验所需仪器及器件

序号	仪器或器件名称	型号或规格	数量
1	双踪示波器		
2	指针式万用表		
3	逻辑实验箱		

（续）

序号	仪器或器件名称	型号或规格	数量
4	双 D 触发器		
5	双 JK 触发器		
6	异步十进制计数器		
7	同步二进制计数器		
8	PC 和仿真软件		

2.7.3 实验原理

1. 触发器

触发器是能够存储 1 位二值信号的基本单元电路，是构成时序电路最基本的单元。触发器的门电路经过输出、输入信号的反馈作用，使得触发器的现态输出不仅与当前的输入有关，也与之前的状态有关，使得触发器成为具有记忆功能的基本逻辑单元。触发器的种类很多，按其逻辑功能分，主要有 RS 触发器、JK 触发器、D 触发器、T 触发器等；按电路原理分，有基本触发器、钟控触发器、主从触发器、边沿触发器等。不管哪一种触发器，它的输出状态不外乎置 0、置 1、保持或者翻转，并且各种触发器的输出表达式可以相互转换。

74LS74 是 TTL 双 D 触发器，其输出特性方程为 $Q^{n+1}=D$，真值表见表 2-36，引脚图和逻辑符号分别如图 2-63 和图 2-64 所示。74LS112 是 TTL 双 JK 触发器，其输出特性方程为 $Q^{n+1}=J\overline{Q^n}+\overline{K}Q^n$，真值表见表 2-37，引脚图和逻辑符号分别如图 2-65 和图 2-66 所示。

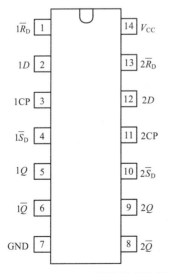

图 2-63　74LS74 D 触发器引脚图

图 2-64　74LS74 D 触发器逻辑符号

表 2-36　D 触发器真值表

D	Q^{n+1}
0	0
1	1

表 2-37　JK 触发器真值表

J	K	Q^{n+1}
0	0	Q^n
0	1	0
1	0	1
1	1	$\overline{Q^n}$

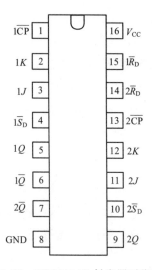

图 2-65　74LS112 JK 触发器引脚图

图 2-66　74LS112 JK 触发器逻辑符号

2. 计数器与分频器

分频器将外部周期 CP 脉冲的频率转换为 $1/M$（M 是模值），即从最高位输出信号的频率是输入脉冲频率的 $1/M$。计数器则对外部 CP 脉冲进行计数，最后计数到一定数值就产生溢出。模为 M 的计数器就是计到 M 个脉冲信号时就会产生溢出信号。如果计数脉冲与分频器的外部脉冲一样，那么计数器和分频器就是同一个过程的不同叫法。分频是指把频率降下来，例如五分频指最高位的频率是外部 CP 脉冲的 1/5。计数是指对外部脉冲计数，有几个脉冲，计数器的状态就变换几次，例如模为 5 指计数器在计到 5 个外部脉冲时，就产生溢出信号。当外部脉冲一样时，二者的联系是模为 M 的计数器的最高位输出即为分频器的输出。

计数器是一种能够记录输入脉冲个数的时序电路。计数是日常生活中最常见的算术动作，所以计数器种类繁多，应用广泛。计数器按工作方式分，有同步和异步两类；按计数模值分，有二进制、十进制和任意进制；按计数顺序分，有加法、减法和可逆（双向）。目前常用的计数器都已有成品，一般来说，除计数外，它们还具备清零或预置功能。本实验采用的计数器为74LS90和74LS161，74LS90是一个二 – 五 – 十进制异步计数器，封装为双列直插，引脚图如图2-67所示，图中的NC表示此脚为空脚，不接线，逻辑符号如图2-68所示。其中，R_1、R_2为两个异步清零端，P_1、P_2为两个异步置9端，CP_1、CP_2为两个时钟输入端，$Q_0 \sim Q_3$为计数输出端。74LS90的功能表见表2-38，由表可知：当$R_1R_2 = P_1P_2 = 0$时，计数器才能正常计数。若时钟从CP_1引入，则Q_0输出为二进制；若时钟从CP_2引入，则Q_3输出为五进制；若时钟从CP_1引入，而Q_0接CP_2，即二进制的输出与五进制的输入相连，则$Q_3Q_2Q_1Q_0$输出为8421BCD码的十进制；若时钟从CP_2引入，而Q_3接CP_1，即五进制的输出与二进制的输入相连，则$Q_0Q_3Q_2Q_1$输出为5421BCD码的十进制。两种不同码制十进制的输出状态见表2-39。利用异步清零端或置9端均可实现十以内的任意进制计数。

图2-67　74LS90引脚图

图2-68　74LS90逻辑符号

表2-38　74LS90的功能表

输入			输出			
$R_D = R_1R_2$	$P_D = P_1P_2$	CP	Q_3	Q_2	Q_1	Q_0
1	0	×	0	0	0	0
0	1	×	1	0	0	1
0	0	↓	加法计数			

表 2-39 74LS90 两种不同码制十进制的输出状态

序号	8421BCD 码				5421BCD 码			
	Q_3	Q_2	Q_1	Q_0	Q_0	Q_3	Q_2	Q_1
0	0	0	0	0	0	0	0	0
1	0	0	0	1	0	0	0	1
2	0	0	1	0	0	0	1	0
3	0	0	1	1	0	0	1	1
4	0	1	0	0	0	1	0	0
5	0	1	0	1	1	0	0	0
6	0	1	1	0	1	0	0	1
7	0	1	1	1	1	0	1	0
8	1	0	0	0	1	0	1	1
9	0	0	0	1	1	1	0	0

【例 2-3】 试用 74LS90 设计一个 $M=7$ 的计数器，即最高位的周期是外部脉冲的 7 倍，也就是最高位频率是外部脉冲频率的 1/7。

方法一：输出为 8421BCD 码，即外部计数脉冲从 CP_1 输入，Q_0 与 CP_2 相连，Q_3 为最高位输出，用置数的方式实现七进制。所谓七进制，就是该计数器有 7 个有效循环状态。如不加反馈，74LS90 共有 10 个状态，现可利用置 9 端 P_1、P_2，使计数器在（0101）状态后的下一个状态是（1001）而不是（0110），具体的实现方法是把 Q_1、Q_2 与置 9 端 P_1、P_2 相连即可。当计数器计到 6 时，立即被置成 9，而 6(0110) 是个过渡状态。状态表见表 2-40，逻辑电路如图 2-69 所示。

表 2-40 8421BCD 码置数方式七进制状态表

序号	$Q_3 Q_2 Q_1 Q_0$
9	1 0 0 1
0	0 0 0 0
1	0 0 0 1
2	0 0 1 0
3	0 0 1 1
4	0 1 0 0
5	0 1 0 1
6	0 1 1 0

方法二：输出为 5421BCD 码，用异步清零的方式实现七进制。由于 74LS90 是由一个二进制和一个五进制构成的十进制计数器，如果外部计数脉冲从 CP_2 输入，即先五进制，再把五进制的输出最高位 Q_3 与二进制的输入端 CP_1 相连，就可以构成 5421BCD 码的十进制计数器。在此基础上，进行反馈回零即可构成七进制计数器。实际连接时只要把 Q_0 和 Q_2 分别与清零端 R_1、R_2 相连即可。这样，当计数器计到 7(1010)时，立即被清成 0，而 7（1010）同样也是一个过渡状态。状态表见表 2-41，逻辑电路如图 2-70 所示。

表2-41　5421BCD 码清零方式七进制状态表

序号	$Q_0 Q_3 Q_2 Q_1$
0	0 0 0 0
1	0 0 0 1
2	0 0 1 0
3	0 0 1 1
4	0 1 0 0
5	1 0 0 0
6	1 0 0 1
7	1 0 1 0

图 2-69　用 74LS90 置数方式构成的 $M = 7$ 逻辑电路

图 2-70　用 74LS90 清零方式构成的 $M = 7$ 逻辑电路

图 2-71 是以上两种不同方法所实现的七进制计数器的最高位输出波形，从波形图中可以看出，两种方法都实现了输出周期为外部脉冲的 7 倍，即频率为外部脉冲的 1/7，而区别在于输出波形的占空比是不一样的。

图 2-71　最高位输出波形

以上是 $M \leqslant 10$ 的情况，若用 74LS90 构成模值大于 10 的计数器，则要用两个以上芯片来实现。例如，实现 $M = 15$ 的方法之一，是分别由一个三进制和一个五进制串联而成，其中第一个 74LS90 的输出 Q_{12}、Q_{11} 为三进制（00、01、10）输出，第二个 74LS90 的输出 Q_{23}、Q_{22}、Q_{21} 为五进制（000、001、010、011、100）输出，把三进制最高位与五进制的 CP 端相连，即构成了一个十五进制的计数器，电路图如图 2-72 所示。

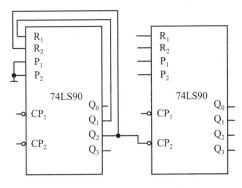

图 2-72　M 为 15 的计数器电路图

74LS161 是四位二进制的同步置数异步清零加法计数器，此计数器可用其同步置数端和异步清零端构成十六以内任意进制计数器。74LS161 的功能表见表 2-42，引脚排列和逻辑符号分别如图 2-73 和图 2-74 所示。

表 2-42　74LS161 的功能表

$\overline{R_D}$	$\overline{LD}$	ENP	ENT	CP	D_3	D_2	D_1	D_0	工作状态
0	×	×	×	×	×	×	×	×	清零
1	0	×	×	↑	D_3	D_2	D_1	D_0	置数
1	1	1	1	↑	×	×	×	×	加法计数
1	1	0	1	×	×	×	×	×	保持
1	1	×	0	×	×	×	×	×	保持，$C = 0$

图 2-73　74LS161 引脚排列

图 2-74　74LS161 逻辑符号

【例 2-4】　用 74LS161 实现 $M = 12$ 的计数器。

方法一：用同步置数的方式构成十二进制计数器，可以选择 0 ~ 15 中的任意数进行置数。比如选择 0010，状态表见表 2-43。反馈网络的方程为 $\overline{LD} = \overline{Q_3 Q_2 Q_0}$，逻辑图如图 2-75 所示，图中，$\overline{R_D}$、ENP 和 ENT 均接 1。另外，由状态表可以看出，计数器最高位 Q_3 的输出占空比为 50%。

图 2-75　用 74LS161 置数方式构成的 $M = 12$ 逻辑图

表2-43 置数方式构成的十二进制状态表

序号	$Q_3 Q_2 Q_1 Q_0$
2	0 0 1 0
3	0 0 1 1
4	0 1 0 0
5	0 1 0 1
6	0 1 1 0
7	0 1 1 1
8	1 0 0 0
9	1 0 0 1
10	1 0 1 0
11	1 0 1 1
12	1 1 0 0
13	1 1 0 1

方法二：用异步清零的方式构成十二进制计数器，其反馈网络的方程为 $\overline{R}_D = \overline{Q_3 Q_2}$，由于是异步清零，因此（1100）状态为过渡状态，计数器的12个状态为（0000）～（1011），其状态表见表2-44，逻辑图如图2-76所示，图中，$\overline{LD}$、ENP和 ENT 均接1。与方法一相比，计数器最高位 Q_3 的输出占空比不同。

表2-44 清零方式构成的十二进制状态表

序号	$Q_3 Q_2 Q_1 Q_0$
0	0 0 0 0
1	0 0 0 1
2	0 0 1 0
3	0 0 1 1
4	0 1 0 0
5	0 1 0 1
6	0 1 1 0
7	0 1 1 1
8	1 0 0 0
9	1 0 0 1
10	1 0 1 0
11	1 0 1 1
12	1 1 0 0

图2-76 用74LS161清零方式构成的 $M = 12$ 逻辑图

2.7.4　实验内容

1. 基础实验部分

1）JK 触发器逻辑功能的测试。在双 JK 触发器 74LS112 中选定一个 JK 触发器，令它的 $\overline{R}_D = \overline{S}_D = 1$，$J$、$K$ 接逻辑开关，CP 接单脉冲源，Q 接指示灯。先使 $Q^n = 0$（用 R_D 端使触发器置 0），再按表 2-45 改变 J、K 及 CP，观察指示灯，记录结果；再使 $Q^n = 1$，同样按表 2-45 改变 J、K 及 CP，观察指示灯，记录结果。（注：JK 触发器为下降沿有效。）

表 2-45　JK 触发器功能测试实验结果

J	K	CP	$Q^n = 0$ Q^{n+1}	$Q^n = 1$ Q^{n+1}
0	0	$1 \to 0$		
		$0 \to 1$		
0	1	$1 \to 0$		
		$0 \to 1$		
1	0	$1 \to 0$		
		$0 \to 1$		
1	1	$1 \to 0$		
		$0 \to 1$		

2）用 74LS90 实现 $M = 9$ 和 $M = 16$ 的计数器，CP 接实验箱上的单脉冲信号，或接 $f = 1 \sim 2\mathrm{Hz}$ 的连续脉冲，输出 Q_3、Q_2、Q_1、Q_0 从高到低依次接指示灯或者接实验箱上的数码显示输入 D、C、B、A，记录显示结果。若结果正确，则再用示波器的一个输入端接外部 CP，一个端口接计数器最高位，观察其输出波形与输入波形之间的关系。（用示波器观察波形时，CP 接 1kHz 的脉冲信号。）

要求写出设计过程，记录实验结果，画出示波器所观察到的波形图，并分析理论设计与实验结果是否一致。

3）用 74LS161 实现 $M = 10$ 和 $M = 24$ 的计数器，要求其最高位的占空比为 50%。CP 接实验箱上的单脉冲信号，或接 $f = 1 \sim 2\mathrm{Hz}$ 的连续脉冲，输出 Q_3、Q_2、Q_1、Q_0 从高到低依次接指示灯或者接实验箱上的数码显示输入 D、C、B、A，记录显示结果。若结果正确，则再用示波器的一个输入端接外部 CP，一个端口接计数器最高位，观察其输出波形与输入波形之间的关系。

要求写出设计过程，记录实验结果，画出示波器所观察到的波形图，并分析理论设计与实验结果是否一致。

2. 提高部分

1）用74LS161或者74LS90设计一个$M=9$且占空比为50%的分频器，用示波器观察波形和占空比。

2）用分频器与双四选一数据选择器74LS153，实现一个信号为1001的序列发生器，要求写出设计过程，用实验来验证设计是否正确，记录实验结果，并分析实验结果与理论设计是否一致。（提示：数据选择器的地址端用脉冲波来控制。）

3）用八选一模拟数据选择器74HCT4051来实现阶梯波，要求写出设计过程，用实验来验证设计是否正确，记录实验结果，并分析实验结果与理论设计是否一致。（提示：用电阻分压，分别输入数据选择器的数据端，地址端口用脉冲波进行控制。）

4）用Multisim仿真软件设计实验内容提高部分的实验1）~实验3），用逻辑分析仪来观察并分析输出波形。

2.7.5 思考题

1. 触发器的CP为什么不能接普通开关（钮子开关）？

2. 74LS90作为5421BCD码输出时，按Q_3、Q_2、Q_1、Q_0排列，结果会怎样？如果输出Q_0、Q_3、Q_2、Q_1接数码显示输入D、C、B、A，能否显示1~9？为什么？

3. 74LS90在使用过程中会出现某个状态持续时间非常短，甚至某个状态没有的情况，分析原因所在。可采取怎样的改进方法？

2.8 移位寄存器的应用

2.8.1 实验目的

1）了解寄存器的基本结构。
2）掌握74LS194移位寄存器的工作方式。
3）掌握中规模移位寄存器的应用。

2.8.2 实验仪器与器件

实验所需仪器及器件见表2-46。

表 2-46 实验所需仪器及器件

序号	仪器或器件名称	型号或规格	数量
1	逻辑实验箱		
2	指针式万用表		
3	双踪示波器		
4	4 位双向移位寄存器		
5	双 JK 触发器		
6	非门		
7	2 输入与非门		
8	2 输入异或门		
9	3 输入与非门		
10	PC 和仿真软件		

2.8.3 实验原理

数据的存储和移动是对数字信号的一种常见操作，能实现这种操作的器件有数据寄存器和移位寄存器，它们同计数器一样，是数字电路中不可缺少的时序逻辑器件。数据寄存器一般有两种结构类型，一类是由多个钟控 D 锁存器组成的，另一类是由多个钟控 D 触发器组成的。数据寄存器数据输入和输出都是并行的。移位寄存器是由多个触发器级联组成的，其数据不仅可以存储，还可以左移或右移。移位寄存器数据的输入和输出都有串行、并行之分，数据的移动受公共时钟信号的控制。

4 位双向移位寄存器 74LS194 为 TTL 双极型数字集成逻辑电路，其封装为双列直插，它具有清零、左移、右移、并行送数和保持等多种功能，是一种功能较全的中规模移位寄存器，74LS194 引脚排列如图 2-77 所示，逻辑符号如图 2-78 所示，功能表见表 2-47。

图 2-77 74LS194 引脚排列

图 2-78 74LS194 逻辑符号

表 2-47 74LS194 功能表

功能	M_1 M_0 CP $\overline{R_D}$	D_R D_1 D_2 D_3 D_4 D_L	Q_1^{n+1} Q_2^{n+1} Q_3^{n+1} Q_4^{n+1}
清零	× × × 0	× × × × × ×	0　　0　　0　　0
预置	1 1 ↑ 1	× d_1 d_2 d_3 d_4 ×	d_1　　d_2　　d_3　　d_4

（续）

功能	M_1 M_0 CP $\overline{R}_D$	D_R D_1 D_2 D_3 D_4 D_L	Q_1^{n+1} Q_2^{n+1} Q_3^{n+1} Q_4^{n+1}
右移	0 1 ↑ 1	d_R × × × × ×	d_R d_1 d_2 d_3
左移	1 0 ↑ 1	× × × × × d_L	d_2 d_3 d_4 d_L
保持	0 0 × 1	× × × × × ×	Q_1^n Q_2^n Q_3^n Q_4^n

74LS164 是八位单向移动的 TTL 数字集成移位寄存器，具有清零、右移等功能。74LS164 引脚排列如图 2-79 所示，逻辑符号如图 2-80 所示，功能表见表 2-48。

图 2-79 74LS164 引脚排列

图 2-80 74LS164 逻辑符号

表 2-48 74LS164 功能表

输入				输出	
CP	$\overline{MR}$	A	B	Q_0	$Q_1 \sim Q_7$
↑	0	×	×	0	$0 \sim 0$
↑	1	0	0	0	$Q_0 \sim Q_6$
↑	1	0	1	0	$Q_0 \sim Q_6$
↑	1	1	0	0	$Q_0 \sim Q_6$
↑	1	1	1	1	$Q_0 \sim Q_6$

1. 典型应用之一——实现数据的串/并转换和并/串转换

由图 2-81 所示电路得到的波形图如图 2-82 所示，假设 $D_R = 1001$，在第 4 个 CP 之后，从 $Q_4 Q_3 Q_2 Q_1$ 输出的波形即为 1001，即实现了串/并转换[⊖]。由图 2-83 所示电

────────────

⊖ 先利用清零端清零，再把控制端对应为右移操作。

路得到的波形图如图 2-84 所示，假设最初并行输入的数据为 1000，$D_L = 1$，从 Q_1 输出，经过 4 个 CP，可以得到 1000，实现了并/串转换[⊖]。

图 2-81　实现数据串/并转换

图 2-82　串/并转换波形图

图 2-83　实现数据并/串转换

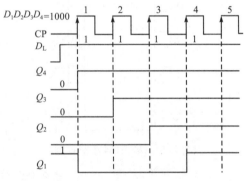

图 2-84　并/串转换波形图

2. 典型应用之二——构成任意进制计数器

例如，用寄存器 74LS194 以及适当的门电路实现 $M = 5$ 的计数器，设计过程如下。

1）写出真值表，见表 2-49。

表 2-49　$M = 5$ 计数器真值表

序号	Q_4	Q_3	Q_2	Q_1	D_R
0	0	0	0	0	1
1	0	0	0	1	1
3	0	0	1	1	0
6	0	1	1	0	0
12	1	1	0	0	0
8	1	0	0	0	1

⊖　先利用置数端置数，再把控制端对应为左移操作。

2) 化简卡诺图，如图 2-85 所示。

3) 画出逻辑电路图，如图 2-86 所示。

图 2-85 卡诺图

图 2-86 $M=5$ 计数器逻辑电路图

3. 典型应用之三——构成序列发生器

例如，用移位寄存器 74LS194 和适当的门电路实现 100101 序列，设计步骤如下。

1) 写出真值表，见表 2-50。

表 2-50 100101 序列真值表

序号	Q_1	Q_2	Q_3	Q_4	D_L
9	1	0	0	1	0
2	0	0	1	0	1
5	0	1	0	1	1
11	1	0	1	1	0
6	0	1	1	0	0
12	1	1	0	0	1

2) 化简卡诺图，如图 2-87 所示。化简时可以利用无关项，使表达式更加简洁，电路的连线更加简单，所用的器件更少，得 $D_L = Q_2\overline{Q_3} + \overline{Q_1}\,\overline{Q_2}$。

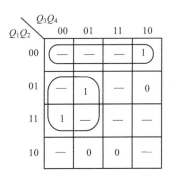

图 2-87 序列发生器卡诺图

3) 画出状态转换图，如图 2-88 所示。

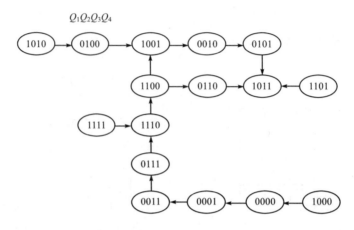

图 2-88　状态转换图

4）画出逻辑电路图，如图 2-89 所示。

图 2-89　100101 序列发生器逻辑电路图

2.8.4　实验内容

1. 基础实验部分

（1）数据的存储和移动

1）用一个 74LS194 及适当的门电路实现 4 位串/并转换。步骤：器件初始态清零，先使 $Q_1Q_2Q_3Q_4 = 0000$，输出 $Q_1Q_2Q_3Q_4$ 接指示灯，用单脉冲作为 CP，用一个逻辑开关依次串入数据至 D_R，令 $D_R = 1010\ 1110\ 00$，输入一个数据给一个 CP，观察移位寄存器的输出变化。在表 2-51 中记录结果，并对结果进行分析。

2）用一个 74LS194 及适当的门电路实现 4 位并/串转换。步骤：器件 $D_L = 1$，Q_1 接指示灯，先并行输入数据 $d_1d_2d_3d_4$，然后使器件工作在左移状态，用单脉冲作为 CP，每输入一个 CP 观察输出结果。设有两组 4 位数据 1010 及 1110。将实验结果记录在表 2-52 中（注意第 2 组数据输入的时间及第 9、10 个 CP 的输出）。

表 2-51　四位串/并转换测试实验结果

CP	Q_1	Q_2	Q_3	Q_4
0				
1				
2				
3				
4				
5				
6				
7				
8				
9				
10				

表 2-52　四位并/串转换测试实验结果

CP	Q_1	Q_2	Q_3	Q_4
0				
1				
2				
3				
4				
5				
6				
7				
8				
9				
10				

（2）用 74LS194 和适当的门电路设计 $M = 10$ 的移位计数器

要求写出设计全过程，并且实现自启动。用指示灯查看设计是否正确，分析比较实验结果是否满足设计要求。

（3）用 74LS194 及适当的门电路实现 00101 序列信号发生器（若 74LS194 构成右移，则 Q_2 作为输出）和 101 序列信号（并行）检测器（输出 $Z = 1$）

写出设计全过程，画出逻辑电路图。用示波器观察电路输出，画出 CP、Q_2、Z 的对应波形图。

要求先用实验箱上的指示灯和单脉冲开关检测电路设计是否正确。若结果正确，则再把 CP 接入 1kHz 的脉冲信号，用双踪示波器分别观察 CP 和 Q_2 的波形以及 Q_2 和 Z 的波形并记录（注意时间同步）。

2. 提高部分

1）用 74LS194 和适当的门电路实现 $M = 4$ 的右移环形计数器，并且电路能够自启动。要求写出设计过程。（提示：自启动可参考相关理论教科书。）

2）用两个 74LS194 和适当的门电路设计霓虹灯，要求排成一串的 8 个灯 $L_1 \sim L_8$ 逐个点亮。当 L_1 灯亮的时候，灯亮的传递方向是向 L_8；当 L_8 灯亮的时候，灯亮的传递方向是向 L_1。这样霓虹灯来回地点亮，每次只有一个灯被点亮。（提示：把两个 4 位移位寄存器扩展成 8 位移位寄存器，然后用适当的器件设计逻辑控制电路来控制向左移或向右移。）

3）用 Multisim 仿真软件设计实验内容基础实验部分的实验 3）和提高部分的实验 2）。

2.8.5　思考题

1. 用 74LS194 实现 4 位并/串转换需要几个 CP 才能完成？串行怎样输出？

2. 本实验的例题中，$M = 5$ 的计数器有多少无效状态？如何实现自启动？

3. 自启动的作用何在？可否用人工置数的方法代替自启动功能？为什么？

4. 环形计数器最大的优点是什么？一个 8 位环形计数器有多少无效状态？

2.9　时序逻辑电路的设计

2.9.1　实验目的

1）掌握时序逻辑电路的设计过程。

2）了解时序器件的构成，会用触发器设计一些简单的时序电路。

3）掌握时序电路逻辑功能的测试方法及排除电路故障的方法。

2.9.2　实验仪器与器件

实验所需仪器及器件见表 2-53。

表 2-53　实验所需仪器及器件

序号	仪器或器件名称	型号或规格	数量
1	逻辑实验箱		
2	指针式万用表		
3	双踪示波器		
4	双 JK 触发器		
5	非门		
6	2 输入与非门		
7	PC 及仿真软件		

2.9.3　实验原理

时序逻辑电路设计分为异步时序逻辑电路设计和同步时序逻辑电路设计，两者的区别是各个触发器的时钟信号不同。时序逻辑电路设计过程如图 2-90 所示，它适用于中、小规模器件的电路设计。

图2-90 时序逻辑电路设计过程

时序逻辑电路设计的一般步骤如下。

1）分析任务要求，进行逻辑抽象，得出电路的原始状态转换图或状态转换表。

2）状态化简。若两个电路状态在相同的输入下有相同的输出，并且转换到同样一个次态，则称这两个状态为等价状态。这样的两个状态就可以合并成一个，电路的状态越少，设计出来的电路就越简单。

3）状态分配。也称为状态编码，根据状态数来确定触发器的数目，满足下式：

$$\log_2 M \leqslant N \leqslant \log_2 M + 1$$

式中，M 为状态数，N 为触发器的数目。

4）选定触发器的类型，求出电路的状态方程、激励方程和输出方程。

5）根据得到的方程式画出逻辑图。

6）检查电路是否能够自启动，若不能，则进行逻辑修改，实现自启动。

【例2-5】 用触发器设计时序逻辑电路。

设计一个能够自启动的 3 位环形计数器。要求它的有效循环状态为 100→010→001→100。根据题目要求的循环状态，得到电路的状态转换图和次态卡诺图，分别如图 2-91 和图 2-92 所示。

图2-91 状态转换图

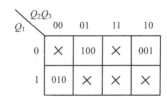

图2-92 次态卡诺图

由状态转换图得到没有可以合并的状态项，三个状态相互独立。由上面的状态转换图和次态卡诺图可以得到：

$$\begin{cases} Q_1^{n+1} = Q_3 \\ Q_2^{n+1} = Q_1 \\ Q_3^{n+1} = Q_2 \end{cases}$$

将 $Q_1 Q_2 Q_3$ 的 5 个无效状态 000、011、101、110、111 分别代入上式求出次态，即可得到图 2-93 中用实线连接的状态转换图。图 2-94 是实线部分的状态卡诺图。不过，由上式得到的电路不能自启动。

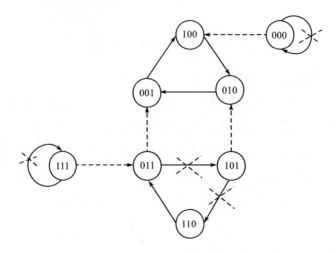

图 2-93　状态转换图

下面讨论如何修改才能实现自启动。

若按照图 2-93 中虚线连接的方式修改状态转换图，则电路可以自启动，修改后的卡诺图如图 2-95 所示。

Q_1 \ Q_2Q_3	00	01	11	10
0	000	100	101	001
1	010	110	111	011

图 2-94　实线部分的状态卡诺图

Q_1 \ Q_2Q_3	00	01	11	10
0	100	100	101	001
1	010	010	011	011

图 2-95　修改后的卡诺图

从图 2-95 看到，101 状态的次态本不必修改，它经过另外两个无效状态 110 和 011 以后进入有效循环，但是把 101 的次态修改为 010 以后，Q_1^{n+1} 的逻辑式更加简单。

根据修改后的卡诺图，得到修改后的状态方程为

$$\begin{cases} Q_1^{n+1} = \overline{Q_1}\,\overline{Q_2} \\ Q_2^{n+1} = Q_1 \\ Q_3^{n+1} = Q_2 \end{cases} \qquad \begin{cases} D_1 = Q_1^{n+1} = \overline{Q_1}\,\overline{Q_2} \\ D_2 = Q_2^{n+1} = Q_1 \\ D_3 = Q_3^{n+1} = Q_2 \end{cases}$$

根据修改后的状态方程可以画出逻辑电路，如图 2-96 所示，此电路具有自启动功能。

图 2-96　用 D 触发器构成的 3 位环形计数器逻辑电路

【例 2-6】　用触发器设计四进制异步计数器。

分析：①四进制就是有 4 个状态，则 $M = 4$，触发器数目 $N \geqslant \log_2 M$，本题中只需要两个 D 触发器就可以了。②因为是异步触发，所以 CP 的接法不是统一接外部脉冲，四进制异步计数器逻辑图如图 2-97 所示，输出波形如图 2-98 所示。

图 2-97　四进制异步计数器逻辑图

图 2-98　四进制异步计数器输出波形

【例 2-7】　用触发器设计八进制同步计数器。

设计方法与例 2-5 类似，触发器选择 JK 触发器，逻辑图如图 2-99 所示，输出波形如图 2-100 所示。因为是同步设计，所以触发器 CP 外接相同的脉冲信号。

图 2-99　八进制同步计数器逻辑图

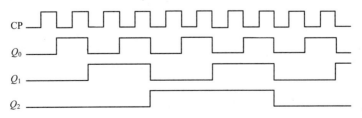

图 2-100　八进制同步计数器输出波形

2.9.4 实验内容

1. 基础实验部分

1）用 D 触发器和适当的门电路实现五进制异步计数器。要求写出设计过程，用指示灯和示波器观察结果，并画出输出波形。

2）用 JK 触发器和适当的门电路实现十六进制同步计数器。要求写出设计过程，用指示灯和示波器观察结果，并画出输出波形。

3）用给定的触发器及门电路设计 101 序列信号（串行）检测器。该同步时序电路有一个输入 X、一个输出 Z，对应于输入序列 101 的最后一个 1，输出 $Z = 1$。设序列可以重叠检测。

要求：输入 X 用逻辑开关控制，CP 用单脉冲开关控制，输入一个数据即给一个 CP，输出 Z 及触发器状态 Q 接指示灯。设 $X = 11010110011$，观察指示灯并记录。

2. 提高部分

1）设计一个七进制计数器，要求它能够自启动。器件可以选择 D 触发器或者 JK 触发器，门电路任选。

参照例 2-5 写出设计过程，包括状态转换图、状态表达式、状态卡诺图，以及怎样实现自启动。分别用指示灯和示波器观察计数器的输出，分析是否可以实现自启动，并画出各个触发器对应的波形图。

2）设计一个自动售饮料机的逻辑电路。它的投币口每次只能投入一枚五角或一元的硬币。投入一元五角硬币后，机器自动给出一杯饮料；投入两元（两枚一元）硬币后，在给出饮料的同时找回一枚五角的硬币。（提示：把投币信号作为逻辑变量，一元的用 A 表示，投入为 1，不投为 0；五角的用 B 表示，投入为 1，不投为 0。给出饮料和找钱为两个输出变量，分别用 Y、Z 表示，给出饮料时 $Y = 1$，不给时 $Y = 0$；找回一枚五角硬币时 $Z = 1$，不找时 $Z = 0$。列出状态表、状态图及卡诺图，经过化简后，选择触发器来实现。）

要求：写出实验设计过程，该电路能够自启动，记录测试结果，并分析实验是否正确。

3）用 Multisim 仿真软件设计实验内容提高部分的实验 1）和实验 2）。

2.9.5 思考题

1. 如何保证时序电路的自启动性能？请用本实验的例子加以说明。

2. 时序逻辑电路设计中会出现竞争 – 冒险现象，如何判断此现象？怎样解决？

3. 同步时序电路与异步时序电路的区别在哪里？两种电路有何优缺点？

4. 时序电路的等价状态是什么？

2.10 A/D、D/A 转换器的应用

2.10.1 实验目的

1）了解 A/D、D/A 转换器的内部结构及工作原理。

2）掌握 A/D、D/A 转换器的外部工作参数及其与外部电路的连接方法。

3）学习 A/D、D/A 转换器的应用。

2.10.2 实验仪器与器件

实验所需仪器及器件见表 2-54。

表 2-54 实验所需仪器及器件

序号	仪器或器件名称	型号或规格	数量
1	逻辑实验箱		
2	指针式万用表		
3	模/数转换器		
4	数/模转换器		
5	计数器、移位寄存器		
6	运算放大器		
7	电阻		
8	PC 和仿真软件		

2.10.3 实验原理

把连续变化的模拟量转换为离散的数字量，需要用模/数转换器，简称 A/D 转换器或 ADC。把离散的数字量转换为连续变化的模拟量，需要用数/模转换器，简称 D/A 转换器或 DAC。目前，转换器的形式有很多，本实验采用 A/D 转换器 ADC0809 及 D/A 转换器 DAC0832 进行研究。

ADC0809 是用 CMOS 工艺制成的 8 位 8 通道 A/D 转换器。芯片由以下几部分组成：8 路模拟开关、模拟开关的地址锁存和译码电路、比较器、256 梯形电阻网络、电子开关树、逐次逼近寄存器 SAR、三态输出锁存缓冲器、控制与定时电路等。其

引脚图如图 2-101 所示。ADC0809 可通过引脚 $IN_0 \sim IN_7$ 输入 8 路单极性模拟输入电压。ALE 将 3 位地址线 ADD_C、ADD_B、ADD_A 进行锁存，然后由译码电路选通 8 路输入中的某一路进行模/数转换。地址译码与输入选通关系见表 2-55。

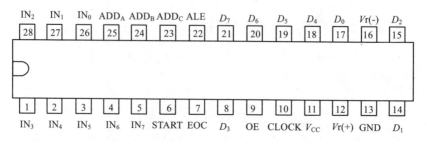

图 2-101   ADC0809 引脚图

表 2-55   ADC0809 地址译码与输入选通关系

被选的输入模拟通道	输入地址控制（ADD）		
	ADD_C	ADD_B	ADD_A
IN_0	0	0	0
IN_1	0	0	1
IN_2	0	1	0
IN_3	0	1	1
IN_4	1	0	0
IN_5	1	0	1
IN_6	1	1	0
IN_7	1	1	1

ADC0809 各引脚含义如下。

- $IN_0 \sim IN_7$：模拟输入。

- $Vr(+)$、$Vr(-)$：基准电压的正极和负极。

- CLOCK：时钟脉冲输入。

- ADD_A、ADD_B、ADD_C：模拟通道的地址选择（与数据选择器的地址选择类似）。

- ALE：地址锁存允许输入信号，由低电平向高电平的正跳变为有效，此时锁存上述地址信号，从而选通相应的模拟信号通道，以便进行 A/D 转换。

- $D_0 \sim D_7$：数字信号输出。

- START：启动信号，为了启动 A/D 转换过程，应在此引脚施加一个正脉冲，脉冲的上升沿将所有内部寄存器清零，在其下降沿开始 A/D 转换过程。

- EOC：转换结束，输出信号，高电平有效，在 START 信号上升沿之后 0 ~ 3

个时钟周期内，本信号变为低电平，当转换结束，所有数据可以读出时，本信号变为高电平。

- OE：输出允许信号，高电平有效，本信号为高电平时，可将输出寄存器中的数据送到数据总线上。
- V_{CC}：接电源端。
- GND：接地端。

DAC0832 是用 CMOS 工艺制成的单片式 8 位 D/A 转换器，它由两个 8 位寄存器（输入寄存器和 DAC 寄存器）以及一个 8 位数/模转换器组成，其引脚图如图 2-102 所示。

图 2-102　DAC0832 引脚图

DAC0832 各引脚含义如下。

- $\overline{CS}$：片选信号，低电平有效，与 ILE 信号合起来共同控制 $\overline{WR}_1$ 信号。
- ILE：输入寄存器允许信号，高电平有效。
- $\overline{WR}_1$：写信号 1，低电平有效，用来把数据总线的数据输入锁存于输入寄存器中，若要使本信号有效，必须使 $\overline{CS}$ 和 ILE 信号同时有效。
- $\overline{XFER}$：传送控制信号，低电平有效，用来控制 $\overline{WR}_2$。
- $\overline{WR}_2$：写信号 2，低电平有效，用以将锁存于输入寄存器中的数据传送到 8 位 D/A 寄存器锁存起来，此时 $\overline{XFER}$ 应有效。
- $D_{I0} \sim D_{I7}$：数据输入，其中 D_{I0} 为最低位，D_{I7} 为最高位，未使用的数据输入端应接地，悬空的 D_{IN} 端将视为 1。
- I_{OUT1}：DAC 输出电流 1，当输入为全 1 时，电流值最大，反之最小。
- I_{OUT2}：DAC 输出电流 2，$I_{OUT1} + I_{OUT2} = V_{REF}(1 - 1/256)/R$。
- R_{FB}：反馈电阻，由于芯片内具有反馈电阻，因此本端可与外接运放的输出端短接。

- V_{REF}：基准电压，通过它将外部高精度电压源接至梯形电压网络，电压范围为 $-10 \sim +10V$，也可以连接其他 D/A 转换器的电压输出端。

- V_{CC}：接电源端，范围为 $+5 \sim +15V$。

- AGND：模拟接地端。

- DGND：数字接地端，可与 AGND 接在一起。

2.10.4　实验内容

1. 基础实验部分

（1）A/D 转换功能测试

按图 2-103 所示连接电路。

1）用 7 个电阻构成分压器，得到 $IN_0 \sim IN_7$ 分压，把它们分别接到 ADC0809 的相应端口。ADC0809 的 ADD_C、ADD_B、ADD_A 接 3 个逻辑开关 K_3、K_2、K_1，使得任一时刻只有一个模拟通道工作；CLOCK 接 1kHz 脉冲信号；START 和 ALE 并接在单脉冲开关 CP 上；输

图 2-103　A/D 转换电路图

出 $D_7 \sim D_0$ 接 8 个指示灯；EOC 悬空；V_{CC}、OE、$Vr(+)$ 接 +5V；GND、$Vr(-)$ 接地。

2）逻辑开关 $K_3 K_2 K_1 = 000$，按一下单脉冲开关 CP，观察 8 个指示灯；改变 $K_3 K_2 K_1 = 001$，重复操作，直至 $K_3 K_2 K_1 = 111$。将实验结果记录在表 2-56 中，并与理论值进行比较，进行误差分析。

要求先用万用表把模拟量 $IN_0 \sim IN_7$ 测出来，写在表格的相应位置，再求得每个通道的数字电压值，与模拟电压值比较，分析误差的原因。

表 2-56　A/D 转换测试实验结果

输入地址			模拟输入	输出数据							
ADD_C	ADD_B	ADD_A	IN/V	D_7	D_6	D_5	D_4	D_3	D_2	D_1	D_0
0	0	0									
0	0	1									
0	1	0									
0	1	1									
1	0	0									
1	0	1									
1	1	0									
1	1	1									

3）断开连接单脉冲开关 CP，START 和 ALE 接 1Hz。用 74LS90 或者 74LS161 设计一个 $M=8$、状态对应十进制数 $0\sim7$ 的二进制计数器。计数器的 CP 接 1Hz，计数器的输出 $Q_2Q_1Q_0$ 分别接 ADD_C、ADD_B、ADD_A，观察 8 个指示灯的变化，与手动时的结果进行比较，若有差异，试分析其原因。

（2）D/A 转换功能测试

按图 2-104 所示连接电路。

图 2-104　D/A 转换电路图

1）调零：把开关 $K_0\sim K_7$ 调到 0，调节电位器 RW_1 和 RW_2，使 DAC 的输出 V_{OUT} 为零。

2）测试：按表 2-57 的输入数字信号调节开关 $K_0\sim K_7$，用万用表分别测试 D/A 转换电压 V_{OUT}，将实验结果记录在表 2-57 中，将其与理论值比较，并进行误差分析。

表 2-57　D/A 转换测试实验结果

输入数字信号								$V_{CC}=+5V$	$V_{CC}=+15V$
D_7	D_6	D_5	D_4	D_3	D_2	D_1	D_0	V_{OUT}/V	V_{OUT}/V
1	1	1	0	0	1	1	0		
1	1	0	0	1	1	0	0		
1	0	1	1	0	0	1	1		
1	0	0	1	1	0	1	1		
1	0	0	0	0	0	0	0		
0	1	1	0	0	1	1	0		
0	1	0	0	1	1	1	1		
0	0	0	1	0	0	1	1		

2. 提高部分

1）用 ADC0809 和适当的器件制作一个 16 位的 A/D 转换器。要求写出设计过程，画出电路图。

2）利用 DAC0832 和时序网络构成阶梯波产生电路，如图 2-105 所示。阶梯波的波形如图 2-106 所示，其中 T 为时钟信号 CP 的周期。试设计电路中的时序网络部分。

图 2-105　阶梯波产生电路

图 2-106　阶梯波的波形

3）用 Multisim 仿真软件设计和实现实验内容提高部分的实验1）和实验2）。

2.10.5　思考题

1. 在模/数转换中，最小分辨率是什么意思？基础实验部分的实验1）中的最小分辨率如何计算？如果把分辨率提高到目前的4倍，可以采取什么措施？

2. 在 A/D 转换中如果想得到输出 $D_7 \sim D_0 = 01111111$，输入的模拟电压应该是多少？如果得到 $D_7 \sim D_0 = 10000000$，那么对应的模拟输入又是多少？如果得到的数字部分相同，输入的模拟部分不相同，可以吗？为什么？

3. A/D 转换实验中，输入电压的最大值为多少？此时，输出 $D_7 \sim D_0$ 为何值？

4. 如果 DAC0832 中测到的模拟结果都比实际值大一个固定值，那么问题有可能出在哪里？

2.11 脉冲波形的产生与整形

2.11.1 实验目的

1）了解目前较常用的几种方波产生电路。

2）熟悉555定时器的内部结构及其工作原理。

3）掌握用555定时器组成的常用脉冲单元电路。

4）掌握用示波器测量脉冲参数的方法。

2.11.2 实验仪器与器件

实验所需仪器及器件见表2-58。

表2-58　实验所需仪器及器件

序号	仪器或器件名称	型号或规格	数量
1	双踪示波器		
2	逻辑实验箱		
3	指针式万用表		
4	555定时器		
5	电阻		
6	电容		
7	逻辑门		
8	晶振		
9	PC和仿真软件		

2.11.3 实验原理

1. 用门电路构成自激振荡器

由门电路构成的自激振荡器可分为对称型和非对称型两种，分别如图2-107和图2-108所示，电路各点的电压波形分别如图2-109和图2-110所示。

图2-107　门电路对称型自激振荡器

图2-108　门电路非对称型自激振荡器

图 2-109　对称型各点电压波形　　　　　图 2-110　非对称型各点电压波形

2. 用石英晶体和适当的门电路构成石英晶振

石英晶体由天然或人造的石英单晶沿一定方向切割后制成，它具有压电效应，加电压后能产生稳定度极高的晶振频率。石英晶振的符号、等效电路及阻抗特性如图 2-111 所示，用石英晶振构成的振荡器如图 2-112 所示。

a）符号　　　　b）等效电路　　　　　　c）阻抗特性

图 2-111　石英晶振的符号、等效电路及阻抗特性

图 2-112　用石英晶振构成的振荡器

3. 555 定时器的应用

555 定时器是一种将模拟功能与逻辑功能相结合的多用途单片集成电路，可以产生时间延迟和多种脉冲信号，电路功能灵活、负载能力强、应用范围广，只要在外部配上几个适当的阻容元件，就可构成单稳态触发器、多谐振荡器和施密特触发器等脉冲产生与整形电路，在工业自动控制、定时、测量及家用电器等方面有广泛的应用。

图 2-113　555 定时器的内部结构

555 定时器的内部结构如图 2-113 所示，它包括电压比较器 CA_1 和 CA_2、基本 RS 触发器、泄放晶体管 T_r 及三个 $5k\Omega$ 电阻构成的分压器四部分。CA_1 和 CA_2 是两个结构完全相同的高精度电压比较器，则比较器有两个输入端，分别标有"＋"和"－"，如果 $V_+ > V_-$，则比较器输出 V_{CA} 为高电平（$V_{CA} = 1$），反之输出 V_{CA} 为低电平（$V_{CA} = 0$）。比较器的参考电压由电阻分压器决定，当控制电压输入 CV 端（接于 CA_1"－"端，参考电压为 V_{RH}）悬空时，$V_{RH} = 2V_{CC}/3$，而接于 CA_2"＋"端上的参考电压 $V_{RL} = V_{CC}/3$；当控制电压输入 CV 端外接另一固定电压 V_{CV} 时，$V_{RH} = V_{CV}$，$V_{RL} = V_{CV}/2$。CA_1 的"＋"端就是 555 定时器的正跳变触发端 TH，而 CA_2 的"－"端则是 555 定时器的负跳变触发端 TL。基本触发器的 R_D 端为直接清零端，低电平有效，平时可接电源 V_{CC}。泄放晶体管 T_r 提供外接电容的放电回路，故 T_r 又称为放电管。另外，当控制电压输入 CV 端不用时，可对地接一个去耦电容。

555 定时器既有双极型晶体管的，又有 MOS 管的，其引脚图如图 2-114 所示，逻辑符号如图 2-115 所示，功能表见表 2-59。

图 2-114　555 定时器引脚图

图 2-115　555 定时器逻辑符号

表2-59   555 定时器功能表

输入			输出	
正跳变触发 TH	负跳变触发 TL	复位 R_D	放电管 T_r	输出 Q
×	×	0	导通	0
$<2V_{CC}/3$	$<V_{CC}/3$	1	截止	1
$>2V_{CC}/3$	$>V_{CC}/3$	1	导通	0
$<2V_{CC}/3$	$>V_{CC}/3$	1	不变	不变

555 定时器的主要应用如下。

（1）用 555 定时器构成多谐振荡器

多谐振荡器是一种无稳态电路，接通电源以后，不需要外加触发信号，就能不断地自动翻转，产生矩形波。由于这种矩形波中含有很多谐波分量，因此被称为多谐振荡器。用 555 定时器构成的多谐振荡器如图 2-116 所示，其输出波形如图 2-117 所示。

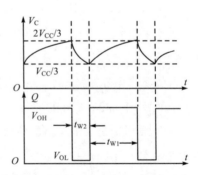

图 2-116   用 555 定时器构成的多谐振荡器   图 2-117   用 555 定时器构成的多谐振荡器输出波形

暂稳态持续时间 $t_{W1} \approx 0.7(R_1 + R_2)C$，$t_{W2} \approx 0.7R_2C$。

脉冲周期 $T = t_{W1} + t_{W2}$。

占空比 $q = t_{W1}/T$。

（2）用 555 定时器构成单稳态触发器

单稳态触发器只有一个稳定状态，在外界触发脉冲作用下，电路由稳态翻转到暂稳态，暂稳态维持一段时间后，电路自动返回到稳态。它会在输出端产生一个宽度为 t_W 的矩形脉冲。暂稳态维持时间的长短仅取决于电路本身的参数，而与外界触发脉冲无关。用 555 定时器构成的单稳态触发器如图 2-118 所示，其输出波形如图 2-119 所示。

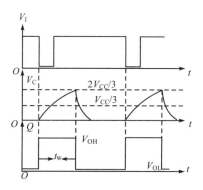

图 2-118 用 555 定时器构成的单稳态触发器　　图 2-119 用 555 定时器构成的单稳态触发器输出波形

暂稳态持续时间 $t_W \approx 1.1RC$。

（3）用 555 定时器构成施密特触发器

电路如图 2-120a 所示。在输入电压 V_i 从 0 升高的过程中（V_{c1} 为 555 定时器中 R 端的逻辑电平，V_{c2} 为 555 定时器中 S 端的逻辑电平），当 $V_i < 1/3V_{CC}$ 时，$V_{c1} = 0$、$V_{c2} = 1$，$V_o = V_{OH}$；当 $1/3V_{CC} < V_i < 2/3V_{CC}$ 时，$V_{c1} = V_{c2} = 0$，故 $V_o = V_{OH}$ 不变；当 $V_i > 2/3V_{CC}$ 时，$V_{c1} = 1$、$V_{c2} = 0$，故 $V_o = V_{OL}$，输出变为低电平。因此，$2/3V_{CC}$ 是它的接通电位 V_{T+}，如图 2-120b 所示。

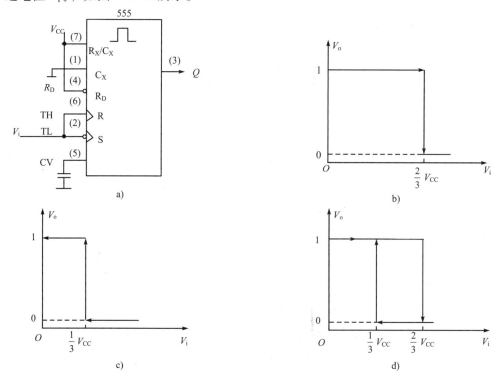

图 2-120 用 555 定时器构成的施密特触发器及其电压传输特性

再分析 V_i 从大于 $2/3V_{CC}$ 开始下降的过程，当 $1/3V_{CC} < V_i < 2/3V_{CC}$ 时，$V_{c1} = V_{c2} = 0$，故 $V_o = V_{OL}$ 不变；当 $V_i < 1/3V_{CC}$ 时，$V_{c1} = 0$、$V_{c2} = 1$，故 $V_o = V_{OH}$，输出变为高电平。因此，$1/3V_{CC}$ 是它的断开电位 V_{T-}，如图 2-120c 所示。图 2-120d 为该施密特触发器的电压传输特性，回差电压 $\Delta V_T = V_{T+} - V_{T-} = 2/3V_{CC} - 1/3V_{CC} = 1/3V_{CC}$。

2.11.4　实验内容

1. 基础实验部分

1）用 555 定时器构成多谐振荡器与单稳态触发器，给定 $R_1 = R_2 = 100\text{k}\Omega$，$C = 5000\text{pF}$。

要求用双踪示波器分别观察 V_C 及 Q 端的输出波形，从而测量脉冲参数 t_{W1}、t_{W2}、V_{OH}、V_{OL}，并与理论值比较，计算 T、f。保留此电路，作为下一个 555 定时器单稳态触发器的信号输入。

用另一个 555 定时器构成单稳态触发器，给定 $R = 100\text{k}\Omega$，$C = 5000\text{pF}$，用以上构成的多谐振荡器的输出作为单稳态触发器的触发信号。

要求用双踪示波器分别观察 V_i 与 V_C 以及 V_C 与 Q 的输出波形。从示波器显示的波形测量脉冲参数 t_W、V_{OH}、V_{OL}，并与理论值比较，计算 T、f、q。

2）用 555 定时器设计一个时间延迟电路。该电路对某一脉冲信号的边沿延迟 $45\mu s$，输出极性相同、脉冲宽度 $t_W = 20\mu s$ 的脉冲信号。用双踪示波器分别观察原信号和延迟后的电路输出信号，并记录波形图。

要求写出设计全过程，并计算出各个元器件的参数，画出电路图。

2. 提高部分

1）用 555 定时器和适当的元器件构成一个电路，该电路可将三角波变换成相同频率的矩形波。（提示：用 555 定时器构成施密特触发器，只要将三角波作为施密特触发器的输入信号，输出端即可得到矩形波。）

2）用 555 定时器和适当的元器件设计一个音频变换器。（提示：用 555 定时器产生一个多谐振荡器，频率在音频信号范围内，通过改变充放电电路的电阻值或者电容值来产生不同频率的多谐振荡器，从而达到音频变换的效果。）参考电路如图 2-121

图 2-121　音频变换器参考电路

所示。

　　3）用 Multisim 仿真软件仿真图 2-107、图 2-108、图 2-112、图 2-116，以及实验内容基础实验部分的实验 1）、2）和提高部分的实验 1）、2）。

2.11.5　思考题

1. 用 555 定时器构成的多谐振荡器，若只改变振荡周期不改变占空比，应调整哪一个元件参数？

2. 用 555 定时器构成的单稳态触发器，若输出脉冲宽度 t_W 大于输入触发信号的周期，将出现什么现象？

3. 能不能用施密特触发器设计一个多谐振荡器？应该怎样设计？

第3章

电路仿真设计软件 Multisim 在数字电路实验中的应用

3.1 Multisim 10 简介

Multisim 是一种交互式电路模拟软件，由隶属于美国国家仪器公司的 Electronics Workbench 公司开发。Multisim 10 软件包括 Ultiboard 10 和 Ultiroute 10。这些产品都是 Electronics Workbench 10 系列设计套件的组成部分。它可以实现原理图输入、全部的数/模 Spice 仿真、VHDL/Verilog 设计接口与仿真、FPGA/CPLD 综合、RF 设计、PCB 布线工具包的无缝隙数据传输和后处理等多种功能。它将虚拟仪器技术的灵活性扩展到了电子设计者的工作台上，弥补了测试与设计功能之间的缺口，是一种紧密集成、终端对终端的解决方案。工程师利用这一软件可有效地完成电子工程项目从最初的概念建模到最终设计成品的全过程。

启动 Multisim 10 得到如图 3-1 所示的基本界面，在初始状态下，电路选用默认用户状态，其电路窗口为带黑色网格的背景，也可以根据用户的喜好来配置设计界面。在图 3-1 中有丰富的工具栏，因此在讲解 Multisim 时将重点介绍工具栏。

3.2 Multisim 菜单栏

在讲解工具栏前，先简单介绍一下菜单栏，对于设计者来说，菜单栏也是非常重要的部分，希望读者好好研究一下 Multisim 10 软件自带的介绍性文件——Multisim 10 User Guide. pdf、Ultiboard 10 User Guide. pdf、Multisim 10 MCU Module User Guide. pdf 和 Multisim 10 Component Reference Guide. pdf，文件路径为：安装目录 \ National Instruments \ Circuit Design Suite 10.0 \ documentation。特别是 Multisim 10 User Guide. pdf，它对初学者非常有帮助，建议深入研究。

Multisim 菜单栏如图 3-2 所示。

图 3-1　Multisim 10 基本界面

图 3-2　Multisim 菜单栏

Multisim 菜单栏包括以下几个部分。

- 文件（File）菜单：新文件的创建，打开、关闭、保存文件或项目组，打印预览及打印相关设置。
- 编辑（Edit）菜单：剪切、复制、粘贴、删除、撤销和重做，以及对元器件的旋转操作等。
- 视图（View）菜单：工具条，显示图形边界，放大、缩小窗口等。
- 安置（Place）菜单：安置元器件（包含所有元器件的库），安置节点、连线、总线、文本、图表等，还包括设置电路的层次结构。

- MCU 菜单：对微型控制器调试操作，微型控制器包括 8051、8052、PIC、RAM、ROM 等器件。

- 仿真（Simulate）菜单：仿真的开始、暂停，仿真仪器的添加（与直接从仪器工具栏添加仪器效果一样），默认仪器设置，数字仿真设置，各种电路分析方法及后处理分析，仿真误差设置和记录，全部元器件容差设置等。

- 传递（Transfer）菜单：输出网格表，创建或修改 Ultiboard 注释文件，传递到 Ultiboard 或其他电路板。

- 工具（Tools）菜单：数据库管理、符号编辑器、元器件编辑器、555 定时器编辑、电器法则测试、替换元器件、图表编辑器等。

- 报告（Reports）菜单：材料清单、元器件细节报告、网表报告、简要统计报告、元器件交叉参照报告等。

- 选项（Options）菜单：软件设置、纸张设置、电路限制设置等。软件设置包括使用元器件保存路径、保存形式、元器件模型设置及常规命令设置等，纸张设置包括放在工作区元器件显示的内容、背景颜色、纸张大小、样式、所用连线的粗细及字体设置等。

- 窗口（Window）菜单：窗口平铺、重排、层叠等。

- 帮助（Help）菜单：Multisim 帮助内容查找、元器件参数信息、文件信息等。

3.3 Multisim 工具栏

常用的 Multisim 工具栏如下：

- 标准工具栏（Standard Toolbar）；

- 主要工具栏（Main Toolbar）；

- 视图工具栏（View Toolbar）；

- 仿真工具栏（Simulation Toolbar）；

- 元器件工具栏（Components Toolbar）；

- 虚拟（元器件）工具栏（Virtual Toolbar）；

- 图表注释工具栏（Graphic Annotation Toolbar）；

- 仪器工具栏（Instruments Toolbar）。

设置工具栏有两种方法。一种方法为：单击菜单栏中的视图菜单，将鼠标移到工具栏（Toolbar）选项上，单击想要显示在窗体中的工具。另一种方法为：右键单击窗体，然后在弹出的菜单中选择需要显示的工具栏。

3.3.1　标准工具栏

标准工具栏包含执行普通操作的按钮，如图3-3所示。

图3-3　标准工具栏

标准工具栏按钮介绍见表3-1。

表3-1　标准工具栏按钮介绍

按钮	描述
	新建按钮：新建一个电路文件
	打开举例按钮：打开文件夹所包含的举例文件
	打开按钮：打开一个现有的电路文件
	保存按钮：保存当前电路文件
	打印按钮：打印当前电路文件
	打印预览按钮：预览需要打印的电路文件
	剪切按钮：将所选择的内容剪切到窗口剪贴板上
	复制按钮：将所选择的内容复制到窗口剪贴板上
	粘贴按钮：将窗口剪贴板上的内容粘贴到指定的位置
	撤销按钮：撤销最近进行的动作
	重做按钮：重做最近执行的撤销

3.3.2　仿真工具栏

仿真工具栏包含执行仿真操作的按钮，如图3-4所示。

图3-4　仿真工具栏

仿真工具栏按钮介绍见表3-2。

表 3-2   仿真工具栏按钮介绍

按钮	描述
▷	Run/Resume 仿真按钮：开始或重新开始仿真当前电路
⏸	暂停仿真按钮：暂停仿真当前电路
■	停止仿真按钮：停止仿真当前电路
◆	停留在下一个 MCU 模块按钮：在 Multisim 的 MCU 模块中使用
⤵	进入按钮：在 Multisim 的 MCU 模块中使用，进入该 MCU 模块仿真
⤷	跳过按钮：在 Multisim 的 MCU 模块中使用，跳过该 MCU 模块仿真
⤴	跳出按钮：在 Multisim 的 MCU 模块中使用，跳出该 MCU 模块仿真
⇥	运行游标按钮：在 Multisim 的 MCU 模块中使用，运行到 MCU 模块标记处
⤒	设置转换点按钮：在 Multisim 的 MCU 模块中使用
⊗	撤销所有转换点按钮：在 Multisim 的 MCU 模块中使用

3.3.3 主要工具栏

主要工具栏包含主要工具按钮，如图 3-5 所示。

图 3-5   主要工具栏

主要工具栏部分按钮介绍见表 3-3。

表 3-3   主要工具栏部分按钮介绍

按钮	描述
▣	设计工具箱开关按钮：变换设计工具箱的打开和关闭
▦	报表视图开关按钮：变换报表视图的打开和关闭
⊞	数据库管理按钮：导出数据库管理对话框
⊳	创建元器件按钮：导出特定元器件
⚡	Run/Stop 仿真按钮：开始或暂停当前电路的仿真
▦▾	Grapher/Analyses 按钮：打开自动记录框或各种分析框
▤	Postprocessor 按钮：打开事后处理程序对话框
⊠	电路规则检查按钮：检查电路接线等电路规则
◁	Ultiboard 向后附注按钮
▷	Ultiboard 向前附注按钮
···In Use List···	In Use List：单击箭头显示使用过的电路元器件
?	帮助按钮：打开帮助文件

3.3.4 视图工具栏

视图工具栏包含视图工具按钮，如图 3-6 所示。

图 3-6　视图工具栏

视图工具栏按钮介绍见表 3-4。

表 3-4　视图工具栏按钮介绍

按钮	描述
	全荧光屏开关按钮：全屏显示唯一工作区，没有工具栏或菜单项目
	放大按钮：放大当前电路窗口
	缩小按钮：缩小当前电路窗口
	放大选择区按钮：左键拖动鼠标选择一个工作的区域进行放大
	全页显示按钮：显示整个电路工作区

3.3.5　虚拟（元器件）工具栏

虚拟（元器件）工具栏包含虚拟（元器件）工具按钮，如图 3-7 所示。

图 3-7　虚拟（元器件）工具栏

虚拟（元器件）工具栏按钮介绍见表 3-5。

表 3-5　虚拟（元器件）工具栏按钮介绍

按钮	描述
	显示电源按钮：显示电源工具栏，其中包含常用的电源
	显示信号源按钮：显示信号源工具栏，其中包含常用的信号源
	显示基本元件按钮：显示基本元件工具栏，其中包含各种基本的元件
	显示二极管按钮：显示二极管工具栏，其中包含常用二极管
	显示晶体管按钮：显示晶体管工具栏，其中包含常用晶体管
	显示模拟器件按钮：显示模拟器件工具栏，其中包含常用模拟器件
	显示未归类元器件按钮：显示未归类元器件工具栏，其中包含常用未归类元器件
	显示测量器件按钮：显示测量器件工具栏，其中包含常用测量器件

3.3.6　元器件工具栏

元器件工具栏包含元器件工具按钮，如图 3-8 所示。

图 3-8　元器件工具栏

元器件工具栏部分按钮介绍见表 3-6。

表 3-6　元器件工具栏部分按钮介绍

按钮	描述
	电源按钮：在该浏览器小组选择各种电源
	基本按钮：在该浏览器小组选择常用的基本元器件
	二极管按钮：在该浏览器小组选择各种二极管器件
	晶体管按钮：在该浏览器小组选择各种晶体管器件
	模拟器件按钮：在该浏览器小组选择各种模拟器件
	TTL 按钮：在该浏览器小组选择 TTL 集成器件
	CMOS 按钮：在该浏览器小组选择 CMOS 集成器件
	未归类数字器件按钮：在该浏览器小组选择未归类数字器件
	未归类元器件按钮：在该浏览器小组选择未归类的元器件
	显示按钮：在该浏览器小组选择各种显示单元，如 LED
	混合按钮：在该浏览器小组选择其他的元器件，如晶体振荡器
	先进外围设备按钮：在该浏览器小组选择先进的外围设备
	RF 按钮：在该浏览器小组选择各种 RF 器件
	机械按钮：在该浏览器小组选择带机械操作的元器件，如开关
	MCU 模块按钮：在该浏览器小组选择 MCU 模块
	模块按钮：将打开的文件设置为模块

3.3.7　图表注释工具栏

图表注释工具栏包含图表注释工具按钮，如图 3-9 所示。

图 3-9　图表注释工具栏

图表注释工具栏按钮介绍见表 3-7。

表 3-7　图表注释工具栏按钮介绍

按钮	描述
	设置文本按钮：在需要输入文本的工作区设置文本框
	线条按钮：单击该按钮画线条

（续）

按钮	描述
≤	多行线按钮：单击该按钮画多行线
▣	长方形按钮：单击该按钮画长方形
◎	椭圆按钮：单击该按钮画椭圆
⊃	弧线按钮：单击该按钮画弧线
▨	多角形按钮：单击该按钮画多角形
◪	图片按钮：单击该按钮在工作区加载图片
▣	设置评论按钮：单击该按钮在工作区设置评论

3.3.8 仪器工具栏

仪器工具栏包含仪器工具按钮，如图 3-10 所示。

图 3-10 仪器工具栏

仪器工具栏按钮介绍见表 3-8。

表 3-8 仪器工具栏按钮介绍

按钮	描述
🔲	数字万用表（Multimeter）按钮：在工作区安置一个数字万用表
🔲	信号发生器（Function Generator）按钮：在工作区安置一台信号发生器
🔲	功率计（Wattmeter）按钮：在工作区安置一台功率计
🔲	四通道示波器（Four Channel Oscilloscope）按钮：在工作区安置一台四通道示波器
🔲	伯德图仪（Bode Plotter）按钮：在工作区安置一台伯德图仪
🔲	频率计数器（Frequency Counter）按钮：在工作区安置一台频率计数器
🔲	字信号发生器（Word Generator）按钮：在工作区安置一台字信号发生器
🔲	逻辑分析仪（Logic Analyzer）按钮：在工作区安置一台逻辑分析仪
🔲	逻辑转换仪（Logic Converter）按钮：在工作区安置一台逻辑转换仪
🔲	伏安特性分析仪（IV Analysis）按钮：在工作区安置一台伏安特性分析仪
🔲	失真度仪（Distortion Analyzer）按钮：在工作区安置一台失真度仪
🔲	频谱分析仪（Spectrum Analyzer）按钮：在工作区安置一台频谱分析仪
🔲	网络分析仪（Network Analyzer）按钮：在工作区安置一台网络分析仪
🔲	模拟 Agilent 函数信号发生器按钮：在工作区安置一台模拟 Agilent 函数信号发生器

（续）

按钮	描述
	模拟 Agilent 万用表按钮：在工作区安置一个模拟 Agilent 万用表
	模拟 Agilent 示波器按钮：在工作区安置一台模拟 Agilent 示波器
	Tektronix 示波器按钮：在工作区安置一台 Tektronix 示波器
	当前探针按钮：在工作区安置一根当前探针
	LabVIEW 仪器按钮：在工作区安置一台 LabVIEW 仪器
	测量探针按钮：在任一根导线上安置一根探针测量电压、电流和频率
	示波器（Oscilloscope）按钮：在工作区安置一台示波器

3.4 Multisim 中常用仪器简介

3.4.1 数字万用表

数字万用表如图 3-11 所示，XMM1 为电路显示样式，双击 XMM1 出现 Multimeter 对话框，在该对话框中可以设置测量交流或直流电流、电压、电阻、分贝等，此图中的电压和直流按钮被按下表示该表用来测量直流电压。单击 Set… 按钮出现 Multimeter Settings 对话框。Ammeter resistance 表示测量电流时设置万用表的内阻，Voltmeter resistance 表示测量电压时设置万用表的内阻，Ohmmeter current 表示测量电阻时设置万用表通过的电流，dB Relative Value 表示测量分贝时设置万用表的电压。Ammeter Overrange 表示电流显示范围，Voltmeter Overrange 表示电压显示范围，Ohmmeter Overrange 表示电阻显示范围。

图 3-11 数字万用表

3.4.2 函数信号发生器

函数信号发生器如图 3-12 所示。

图 3-12 函数信号发生器

XFG1 为电路显示样式，双击 XFG1 出现 Function Generator 对话框，在该对话框中可以设置正弦波/三角波/方波，以及频率、占空比、幅度和相位偏移量。单击 Set Rise/Fall Time 按钮，出现 Set Rise/Fall Time 对话框，在该对话框中可以设置波形的上升、下降时间（只有在选择方波时才有效）。

3.4.3 示波器

示波器如图 3-13 所示，XSC1 为电路显示样式，双击 XSC1 出现 Oscilloscope-XSC1 对话框。一般情况下，示波器的触发端可以悬空。

图 3-13 示波器

3.4.4 逻辑转换仪

逻辑转换仪是 Multisim 软件特有的仪器，能够完成真值表、逻辑表达式以及逻辑电路三者之间的相互转换，现实中并不存在与此对应的设备。逻辑转换仪如图 3-14 所示，左边为电路显示形式，共有 9 个端子，包括 8 个输入端和 1 个输出端，双击该图出现右边的逻辑转换仪面板。逻辑表达式中的"与"用"·"符号表示，"或"用"＋"符号表示。面板上按钮的具体功能见表 3-9。

图 3-14　逻辑转换仪

表 3-9　逻辑转换仪按钮的具体功能

按钮	描述
○→101	该按钮的功能是将逻辑电路转换成真值表
101→AB	该按钮的功能是将真值表转换成逻辑表达式
101 simp AB	该按钮的功能是将真值表转换成简化的逻辑表达式
AB→101	该按钮的功能是将逻辑表达式转换成真值表
AB→○	该按钮的功能是由逻辑表达式产生逻辑电路
AB→NAND	该按钮的功能是由逻辑表达式产生全部由与非门构成的逻辑电路

3.4.5 逻辑分析仪

逻辑分析仪如图 3-15 所示，它是记录数字逻辑信号的数字示波器，该仪器有 16 位信号输入端、外部时钟端、时钟控制端和触发控制端。它用于对逻辑信号进行采集和分析，采集时钟可以设置为外部（External）时钟或内部（Internal）时钟。

图 3-15 逻辑分析仪

3.5 用 Multisim 分析和设计数字逻辑电路

3.5.1 用 Multisim 分析电路举例

【例 3-1】 在如图 3-16 所示电路中,若输入 $V_1(T)$ 是宽度为 T_1 的方波,周期 $T = T_1 + T_2$,且 $C_1 R_1 \ll T_1$ 或 T_2,二极管 D_1 是理想的,$R_2 \gg R_1$,试用 Multisim 软件进行仿真分析,并画出 $V_{O1}(T)$ 和 $V_{O2}(T)$ 的波形图。

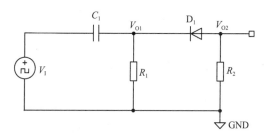

图 3-16 例 3-1 电路

在仿真中,各元器件取值合理与否是能否观察到波形的关键,本题取 $V_1(T)$ 为 5V、10Hz 的方波,$C_1 = 5\mu F$,$R_1 = 1k\Omega$,$R_2 = 10k\Omega$,就可以满足题目要求,且能够观察到良好的波形。在仿真时,首先可以观察电源输入的波形,然后用示波器输入电源波形和 V_{O1} 或 V_{O2} 的波形,观察波形是否合理。在仿真中,若元器件取值不合理，会使电容充放电时间很短，V_{O1} 或 V_{O2} 波形上升、下降很快，这时可以适当增大 C_1 和 R_1 的值，增大电容充电和放电的时间，观察到的波形就比较明显了。用四路输出示波器连接的电路如图 3-17 所示。输入电压 V_I 与输出电压 V_{O1} 和 V_{O2} 的波形如图 3-18 所示。

图 3-17　用四路输出示波器连接的电路

图 3-18　例 3-1 电路波形图

说明： 在观察 V_{O2} 波形时，仿真显示的波形与理想波形之间有点区别，原因是仿真时二极管不是理想二极管，在方波上升沿时 V_{O2} 输出有毛刺。

【例 3-2】　试分析图 3-19 所示的计数电路，试画出其输出 Q_A、Q_B、Q_C、Q_D 及预置信号 q 的波形，其预置数 DCBA 端为 0111，则计数模 M 为多少？哪几个波形适合作为分频波形输出？

图 3-19　计数电路

分析：74LS161N 芯片的功能为当 ENP = 1、ENT = 1、CLR = 1、LOAD = 1 时，在 CLK 脉冲的下降沿，芯片实现计数功能；当 ENP = 1、ENT = 1、CLR = 1、LOAD = 0 时，在 CLK 脉冲的下降沿，芯片实现置数功能。仿真中 $Q_D Q_C Q_B Q_A$ 的初始状态为 0000，随着脉冲下降沿的到来，芯片从 0000 开始计数。当 $Q_D Q_C Q_B Q_A$ = 1101 时，LOAD 端输入为 0，来一个下降沿后，芯片置数，$Q_D Q_C Q_B Q_A$ = 0111，之后芯片又进入计数状态，输出在 $Q_D Q_C Q_B Q_A$ = 0111 和 $Q_D Q_C Q_B Q_A$ = 1101 之间进行。仿真的电路连接和波形图分别如图 3-20 和图 3-21 所示。

图 3-20　仿真的电路连接

图 3-21　例 3-2 电路波形图

波形分析：$Q_D Q_C Q_B Q_A$ 的初始状态为 0000，每来一个下降沿脉冲，电路计一次数，当 $Q_D Q_C Q_B Q_A = 1101$ 时，~LOAD 端输入为 0，来一个下降沿后，芯片置数，$Q_D Q_C Q_B Q_A = 0111$，之后芯片又进入计数状态，输出 $Q_D Q_C Q_B Q_A$ 在状态 0111 和 1101 之间进行。因此，计数模 $M = 7$，适合作为分频波形输出的是 Q_D 和 Q_C。计数电路的状态转换图如图 3-22 所示。

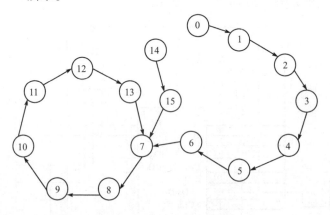

图 3-22　例 3-2 状态转换图

3.5.2　用 Multisim 设计组合电路

用逻辑转换仪设计一位全加器，求出真值表、逻辑表达式和电路图。一位全加器是最基本的逻辑运算单元之一，它的输入包含加数 A、被加数 B 和低位向本位的进位位 CI，输出包含和数 S 和本位向高位的进位位 CO，其真值表见表 3-10。在用 Multisim 设计前先介绍一下设计框图，由于 Multisim 可以进行多层次电路设计，因此可以分别对 S 和 CO 进行设计，并且每一个作为一个模块，如图 3-23 所示。

表 3-10　一位全加器真值表

输入			输出	
A	B	CI	S	CO
0	0	0	0	0
0	0	1	1	0
0	1	0	1	0
0	1	1	0	1
1	0	0	1	0
1	0	1	0	1
1	1	0	0	1
1	1	1	1	1

图 3-23　一位全加器设计框图

用 Multisim 新建一个文件，单击新建文件按钮，然后保存文件为"一位全加器"。首先新建一个模块 S，单击 Place→New Subcircuit…，出现 Subcircuit Name 对话框，如图 3-24 所示，取名为 S，单击 OK 按钮。然后将模块加到设计窗口，这时在设计工具栏一位全加器的下一层出现一个 S（X1）文件，并在窗口中显示为模块 X1，如图 3-25 所示。

图 3-24　模块命名

图 3-25　模块显示样式

双击 X1 模块，出现模块（Hierarchical Block/Subciruit）窗口，单击 Label 页面的 Edit HB/SC 按钮，出现 S(X1) 设计窗口。将逻辑转换仪加到窗口，并双击逻辑转换仪。输入 $S(A，B，CI)$ 的真值表，单击逻辑转换仪面板顶部代表输入端的小圆圈，选定输入信号 A、B、$C(C$ 代替 CI)，然后单击输出端（每一个都可以按 X、0、1 三个状态切换），按真值表输入即可，如图 3-26 所示。

图 3-26　逻辑转换仪面板

单击 $\boxed{\text{101} \rightarrow \text{AIB}}$ 或 $\boxed{\text{101} \xrightarrow{\text{SIMP}} \text{AIB}}$ 得到逻辑表达式：$A'B'C + A'BC' + AB'C' + ABC$。逻辑表达式将出现在逻辑转换仪面板下部文本框内，再单击 $\boxed{\text{AIB} \rightarrow \text{D}}$ 或 $\boxed{\text{AIB} \rightarrow \text{NAND}}$，逻辑转换仪将自动生成电路。最后，将输入 A、B、C 及输出换成接口线，接口线在菜单栏连线框内，具体位置为 Place→Connectors→HB/SC Connector。逻辑转换仪生成电路如图 3-27 所示，单击"保存"按钮，在一位全加器窗口将出现包含 3 个输入端和 1 个输出端的 X1 模块，如图 3-28 所示。

图 3-27　逻辑转换仪生成电路

同理，加入 X2（CO）模块，用逻辑转换仪得到 CO 的逻辑表达式：$AC + AB + BC$。添加三个双路选择输入开关（Components Toolbar→Basic→SWITCH→SPDT），并将三个开关的快捷键分别设置为 A、B、C（双击开关，设置快捷键选项—Key for Switch）；再加两个指示灯（Components Toolbar → Indicators → PROBE → PROBE_BLUE/PROBE_RED）；然后添加电源和地，连成电路。运行电路，用开关调试各种状态看其是否正确。Multisim 模块化设计全加器电路如图 3-28 所示。

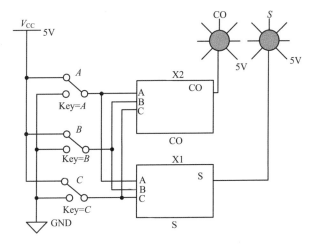

图 3-28　Multisim 模块化设计全加器电路

3.5.3　用 Multisim 设计时序电路

用 74LS90 及与非门设计六进制计数器，要求输出采用 8421BCD 码，清零方式，并得出状态转换图和时序图。

根据题意，74LS90 可以接成 8421BCD 码输出方式和 5421BCD 码输出方式，如图 3-29 所示。

a）8421BCD码　　　　　　　　　　　b）5421BCD码

图 3-29　74LS90 接成 8421BCD 码和 5421BCD 码的输出方式

表 3-11 为六进制 8421BCD 码转换表，图 3-30 为六进制状态转换图。由于要用清零方式，根据 74LS90 异步清零和异步置 9 的特性，因此当输出为 8421BCD = 6 （0110） 时立刻清零，此状态在时序图中很短，几乎看不到。当然，如果采用同步清零的计数集成块，那么应该在 8421BCD = 5 （0101） 时清零，而该状态在时序图中出现的时间是一个完整的时钟周期。图 3-31 所示为电路和输出时序，信号源采用函数信号发生器产生的方波信号，频率为 1kHz，振幅为 5V，占空比为 50%，并用

逻辑分析仪查看时序波形。

表 3-11   六进制 8421BCD 码转换表

序号	Q_D	Q_C	Q_B	Q_A
0	0	0	0	0
1	0	0	0	1
2	0	0	1	0
3	0	0	1	1
4	0	1	0	0
5	0	1	0	1
6	0	1	1	0

图 3-30   六进制状态转换图

图 3-31   六进制 8421BCD 码的电路和输出时序

第 4 章

组合电路的自动化设计、仿真及实现

4.1 Quartus II 简介

Intel 公司是世界上最大的可编程逻辑器件供应商之一，Quartus II 是 Intel 公司提供的 FPGA/CPLD 集成综合开发工具。Quartus II 软件支持百万门级以上的逻辑器件的开发，提供了一种与结构无关的设计环境，使设计者能方便地进行设计输入、综合适配和器件编程。它是一款界面友好且易上手使用的开发软件。

4.1.1 Quartus II 软件的特点

Intel 的 Quartus II 提供了完整的多平台设计环境，能满足各种特定设计的需要，也是单芯片可编程系统（SOPC）设计的综合性环境和 SOPC 开发的基本设计工具，并为 DSP 开发包进行系统模型设计提供了集成综合环境。Quartus II 设计工具完全支持 VHDL 和 Verilog 的设计流程，其内部嵌有 VHDL 和 Verilog 逻辑综合器。Quartus II 也可以利用第三方的综合工具，如 Leonardo Spectrum、Synplify Pro、FPGA Compiler II 等，并能直接调用这些工具。同样，Quartus II 具备仿真功能，同时也支持第三方的仿真工具，如 ModelSim。此外，Quartus II 与 MATLAB 和 DSP Builder 结合，可以进行基于 FPGA 的 DSP 系统开发，是 DSP 硬件系统实现的关键 EDA 工具。

Quartus II 包括模块化的编译器。编译器包含的功能模块有分析与综合器（Analysis & Synthesis）、适配器（Fitter）、装配器（Assembler）、时序分析器（Timing Analyzer）、设计辅助模块（Design Assistant）、EDA 网表文件生成器（EDA Netlist Writer）、编译数据库接口（Compiler Database Interface）等。可通过选择 Processing→Start Compilation 来运行所有的编译器模块，也可以通过选择 Start 单独运行各个模块。

此外，Quartus II 还包括许多十分有用的 IP（Intellectual Property，知识产权）核，它们是复杂或高级系统构建的重要组成部分，可在 Quartus II 中与普通设计文件一起使用。许多情况下必须调用 IP 核才可以使用一些 Intel FPGA 特定器件的硬件功能，例如各类片上存储器、DSP、LVDS 驱动器、PLL、SerDes、DDIO 等电路模块。

4.1.2 Quartus II 软件的开发流程

FPGA/CPLD 的设计开发分为不同的阶段，我们可以使用 Quartus II 软件来开发和管理自己的设计，完成全部的流程，Quartus II 软件开发流程如图 4-1 所示。

图 4-1　Quartus II 软件开发流程

图 4-1 上排所示的是 Quartus II 编译设计主控界面，它显示了 Quartus II 自动设计的各个主要处理环节和设计流程，包括图形或 HDL 编辑、分析与综合、适配、编程文件汇编（装配）、时序参数提取以及编程几个步骤。图 4-1 下排的流程框图是与上排的 Quartus II 设计流程相对应的标准 EDA 开发流程。

1. 设计输入

在设计输入阶段，Quartus II 支持多种设计输入方式，比如原理图输入、文本输入（程序代码）或者调用 IP 核输入等。Quartus II 编译器支持的硬件描述语言有 VHDL、Verilog HDL 及 AHDL(Altera HDL)。AHDL 是 Altera 公司设计、制定的硬件描述语言，是一种以结构描述方式为主的硬件描述语言，只有企业标准。另外，Quartus II 允许来自第三方的 EDIF 文件输入，并提供了很多 EDA 软件的接口。Quartus II 支持层次化设计，可以在一个新的编辑输入环境中对使用不同输入方式完成的模块（元器件）进行调用，从而解决原理图与 HDL 混合输入设计的问题。

2. 综合和编译

在设计输入完成后，通过编译，Quartus II 的编译器将给出编译报告，Quartus II 拥有性能良好的设计错误定位器，可用于确定文本或图形设计中的错误。当设计无误时，即进入逻辑综合。

综合过程是将图形输入或者文本输入描述的电路向硬件实现的一座桥梁，综合过后会生成一种或者多种电路网表文件。对于使用 HDL 的设计，可以使用 Quartus II 自带的 RTL Viewer 观察综合后的 RTL 图。

3. 适配

逻辑综合通过后，必须利用适配器将综合后的网表文件针对某一具体的目标器件进行逻辑映射操作，包括底层器件配置、逻辑分割、逻辑优化、逻辑布局布线等操作。适配完成后，可以利用适配所产生的仿真文件进行精确的时序仿真，同时产生可用于编程的文件。

4. 仿真

仿真是基于一定的算法和元器件模型对电路进行模拟测试和计算，以验证设计的正确性，主要分为时序仿真和功能仿真。在仿真前，需要利用波形编辑器编辑一个波形激励文件。

5. 下载

编译和仿真检测无误后，便可以将下载文件通过 Quartus II 提供的编程器下载至目标器件中，进行硬件测试和验证了。

4.1.3　Quartus II 的用户界面

Quartus II 的用户界面比较友好，如图 4-2 所示。界面由菜单栏、工具栏、工程管理窗口、编译信息窗口、提示信息窗口、主工作区等组成。

1）菜单栏：包括 File（文件）、Edit（编辑）、View（视图）、Project（工程）、Assignments（分配）、Processing（操作）、Tools（工具）、Window（窗口）和 Help（帮助）等。

2）工具栏：主要放置了一些常用命令的快捷图标，比如新建、打开、引脚分配、编译、仿真、下载等主要过程的命令。

3）工程管理窗口：显示当前工程中所有相关的资源和文件，便于对工程进行各种设置。

4）编译信息窗口：工程编译时，显示分析、综合、布局等过程状态及时间。

5）提示信息窗口：显示各种工程操作过程的信息，例如编译过程中出现的警告、错误信息、错误原因等。

6）主工作区：实施不同操作时，打开不同的工作窗口，例如图形编辑窗口、文本编辑窗口、引脚分配窗口等。

图 4-2　Quartus II 的用户界面

4.1.4 Quartus II 的文件管理体系

Quartus II 以工程（Project）的方式组织管理整个电路的设计及支持文件，如图 4-3 所示，因此在设计具体电路之前，需要建立工程（*.qpf）。由于整个工程会生成非常多的辅助文件，因此最好把全部设计文件放在同一个文件夹内。

图 4-3　Quartus II 的文件管理

一个工程一定包含一个顶层文件，顶层文件只能有一个，而且顶层文件名必须与工程名保持一致。无论是编译还是仿真，都只执行顶层文件。顶层文件可以包含若干个电路模块，这些模块可以调用其他电路模块，也可被其他模块调用，如图4-3所示。这样可以很方便地采用自底向上或者自顶向下的分层设计方法来设计整个电路。

当工程内有多个电路文件时，顶层文件可以更换。如图4-4所示，在工程管理窗口，单击 File 的标签，打开所有文件列表，右击某一个设计输入文件，再单击 Set as Top-Level Entity，即可将其设置为顶层文件，当顶层文件变化时，工程名也随之变化。

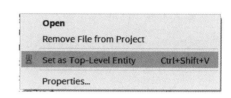

图4-4 设置顶层文件

除了设计输入之外，仿真所需要的文件也需要由用户生成。生成的方法会在后面的章节里详细讨论。

4.2 组合逻辑宏模块的仿真及测试

4.2.1 实验目的

1）熟悉常见组合逻辑宏模块的功能及测试方法。

2）熟悉使用 Quartus II 软件进行电路设计开发的流程。

3）掌握使用 Quartus II 软件设计组合电路的图形输入设计方法。

4）掌握使用 Quartus II 软件进行电路仿真的方法。

4.2.2 实验仪器与器件

实验所需仪器及器件见表4-1。

表4-1 实验所需仪器及器件

序号	仪器或器件名称	型号或规格	数量
1	逻辑实验箱		
2	PC		
3	Quartus II 软件		
4	FPGA/CPLD 开发板		
5	USB-Blaster 下载器		

4.2.3 实验原理

数据选择器也称多路开关，通过改变地址输入信号，可以在多个数据输入中选择一个传送到输出。74LS151（在元器件库中为74151）是一种常见的八选一数据选择器，逻辑符号如图4-5所示，它具有3位地址输入、8路数据输入、一个使能信号，以及一对互补的输出。

本实验用FPGA来实现八选一的数据选择器，首先基于Quartus II软件，实现创建工程→原理图输入→编译→仿真等过程，然后连接FPGA开发板完成下载。用Quartus II实现需要以下几个步骤。

1. 创建工程

在Quartus II中，电路所有的支持文件都是以工程的形式组织和管理的，因此设计一个新的电路首先要创建工程。打开File→New Project Wizard（新建工程向导），会弹出新建工程向导的对话框，一共有6页，第1页如图4-6所示。

图4-5   74LS151逻辑符号

图4-6   新建工程向导对话框（第1页）

第1页设置存放工程的文件夹路径，给出工程名和顶层文件名。每个工程需要建立一个独立的文件夹，以存放工程中诸多的原理图文件、文本设计文件、仿真波形文件以及软件自动生成的各种支持文件。工程名，即要设计的电路模块的名称，命名时注意不要与系统元器件库里的其他现有宏模块重名。顶层文件名由系统自动生成，与工程名一致。在后面的设计中，顶层文件名可以修改。

第2页选择工程类型，如图4-7所示，选择创建一个空的新工程，单击"Next"。

第3页是向工程内添加文件或删除相关文件，若没有，则可以先不添加，直接单击"Next"，如图4-8所示。

图 4-7　选择工程类型

图 4-8　向工程内添加文件或删除相关文件

第 4 页是选择目标器件，根据要使用的 FPGA 芯片进行选择，不同的硬件提供的资源是不同的。例如，要使用的 FPGA 型号为 10CL040YU484A7G，首先在 Family 一栏中选择"Cyclone 10 LP"系列，然后在下面的列表栏中直接选择相应型号的器件即可。由于器件众多，不方便查找，也可在右上侧的选项中，选择封装类型为 UFBGA，引脚数量为 484，速度等级为 7，缩小查找范围，此时显示如图 4-9 所示，单击"Next"即可。

第 5 页中，选择第三方 EDA 的综合、仿真、定时等分析工具，对开发工具不熟悉的初学者，建议使用 Quartus II 的系统默认选项。

第 6 页为工程设置统计窗口，上面罗列出工程的相关信息，核对无误后，单击"Finish"按钮，完成工程创建。

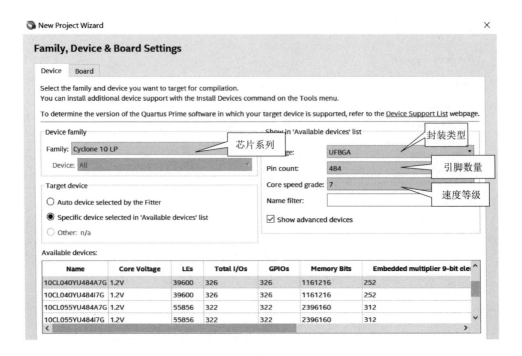

图 4-9　选择目标器件

2. 原理图输入

创建好工程后，就可以进行原理图输入。单击 File→New，弹出新建文件对话框，如图 4-10 所示。

图 4-10　新建文件对话框

选择 Design Files 中的"Block Diagram/Schematic File"，即可打开原理图编辑窗口，如图 4-11 所示。

图 4-11　原理图编辑窗口

单击原理图编辑窗口中的"添加元器件"按钮，或者在原理图编辑窗口的任意位置双击，都可以弹出元器件库对话框，如图 4-12 所示。

图 4-12　元器件库对话框

Quartus II 的元器件库主要有三类：基本逻辑函数（primitives）、宏模块函数（megafunctions）和其他函数（others）。利用元器件库，可以直接应用这些模块设计原理图，从而简化了许多工作。

在这里，既可以在元器件库中查找八选一数据选择器，也可以直接在 Name 下面的文本框中输入芯片型号 74151 来找寻器件，然后单击"OK"按钮，选中元器件并放置到原理图编辑窗口中。再根据需要放置输入/输出端口——input 和 output，并命名。或者选中全部电路，右击，显示如图 4-13 所示的菜单，选择"Generate Pins for Symbol Ports"，自动生成所有端口及端口名。

图 4-13　自动生成所有端口

按图 4-14 所示给各个端口分别命名，端口命名可以自由设定，可以使用英文字母、数字或下划线 "_"，端口名区分大小写，不可以使用数字开头，注意不要重名。

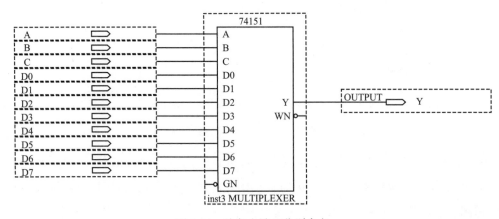

图 4-14　给各个端口分别命名

3. 编译

原理图编辑好之后，单击菜单中的 Processing→Start Compilation，进行全局编译。全局编译会执行多项操作，包括排错、数据网表文件提取、逻辑综合、适配装配文件生成，以及基于目标器件硬件性能的时序分析等。

若编译成功，则会弹出如图 4-15 所示的提示，并且给出硬件耗用统计报告。

图 4-15　编译成功的提示

如果编译过程出错，那么下部的信息显示窗口会有提示错误的红色文字信息。这时应根据提示进行修改，重新启动编译，直至排除所有错误。

4. 仿真

编译通过后，为了了解设计结果是否满足设计要求，需要进行仿真。仿真需要以下几个步骤。

首先，新建一个波形文件。单击菜单→File→New，弹出新建文件对话框，如图 4-16 所示。选择 Verification/Debugging Files → University Program

图 4-16　新建文件对话框

VWF，单击"OK"按钮，即可打开波形编辑窗口，如图4-17所示。

图4-17   波形编辑窗口

在波形编辑窗口的信号栏双击，添加信号。在弹出的节点编辑器里，单击"Node Finder"，打开节点查找器，Filter选择"Pins：all"，单击"List"按钮，列出所有的输入/输出端口，如图4-18所示。单击"＞＞"按钮，选择所有端口。

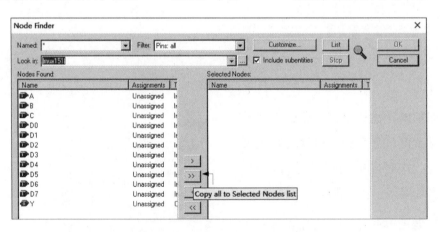

图4-18   Node Finder 对话框

选择所有输入/输出端口后，单击"OK"按钮，返回波形编辑窗口，即可看到所有信号均加载进来。接下来，需要编辑所有输入信号的波形，也可以称为对所有输入信号进行赋值，赋值时需要考虑尽可能多的测试情况。

单击 Edit→End Time，设置仿真结束时间，通常设置为几十微秒。这里可以设置为50μs。同样，在 Edit 中将 Grid Size 设置为100ns，以便于观察波形。

对输入信号进行赋值有多种方式，如图4-19所示。

为了方便测试和赋值，在这里，可以把A、B、C组合（Grouping）起来，整体赋值，方法是：选中三个输入，右击选择Grouping，并取名，比如ABC，即可得到一个包含三根信号线的输入ABC，并能对它进行整体赋值。在这里赋给它计数值，Timing参数设置为$1\mu s$，即$1\mu s$计一次数。为了便于区别，$D_0 \sim D_7$分别赋不同频率的信号，选择赋值方式为时钟方式，Time period分别设置为25ns、50ns、100ns、200ns、400ns、800ns、1600ns和3200ns。

图4-19　赋值方式

赋值完成后存盘，文件名默认即可，不需要修改，波形文件就存放在工程的文件夹内，系统便可以自动关联仿真。如果存储为其他名字或者放到其他路径下，Quartus II某些版本会显示"找不到仿真文件"的提示。

单击Processing→Start Simulation，开始仿真，等到出现"Simulation was successful"信息，仿真完成。

74LS151仿真结果如图4-20所示，可以看出，当地址从000到111变化时，输出信号分别等于数据输入$D_0 \sim D_7$的值，从而验证了八选一数据选择器的功能。

图4-20　74LS151仿真结果

4.2.4　实验内容

1）试用门电路实现4线 – 2线优先编码器，用 FPGA 实现它的逻辑功能并测试。使用 Quartus II 完成创建工程、编辑电路图、编译，编辑波形文件并仿真，测试其所有功能，记录波形并说明仿真结果。

2）译码器是编码器的逆过程，74LS138 是一种 3 线 – 8 线译码器，用 FPGA 实现其逻辑功能并测试。使用 Quartus II 完成创建工程、编辑电路图、编译，编辑波形文件并仿真，测试其所有功能，记录波形并说明仿真结果。

3）设计火灾报警电路。当温度、烟雾、红外3种传感器中有2种及以上传感器指标超标时，即可报警，用门电路或译码器设计该电路。使用 Quartus II 完成创建工程、编辑电路图、编译，编辑波形文件并仿真，测试其所有功能，记录波形并说明仿真结果。

4）用 FPGA 实现 74LS153（双四选一数据选择器）的逻辑功能并测试。使用 Quartus II 创建工程、编辑电路图、编译，编辑波形文件并仿真，测试其所有功能，记录波形并说明仿真结果。

5）用 FPGA 实现 74LS151（八选一数据选择器）的逻辑功能并测试。使用 Quartus II 创建工程、编辑电路图、编译，编辑波形文件并仿真，测试其所有功能，记录波形并说明仿真结果。

6）用 FPGA 实现 74LS85（4 位数字比较器）的逻辑功能并测试。使用 Quartus II 创建工程、编辑电路图、编译，编辑波形文件并仿真，测试其所有功能，记录波形并说明仿真结果。

7）用 FPGA 实现 74LS283（4 位二进制加法器）的逻辑功能并测试。使用 Quartus II 创建工程、编辑电路图、编译，编辑波形文件并仿真，测试其所有功能，记录波形并说明仿真结果。

8）用 FPGA 实现 74LS154（4 线 – 16 线译码器）的逻辑功能并测试。使用 Quartus II 创建工程、编辑电路图、编译，编辑波形文件并仿真，测试其所有功能，记录波形并说明仿真结果。

9）用 FPGA 实现 74LS157（4 – 二选一数据选择器）的逻辑功能并测试。使用 Quartus II 创建工程、编辑电路图、编译，编辑波形文件并仿真，测试其所有功能，记录波形并说明仿真结果。

10）用 FPGA 实现 74LS668（8 位数值比较器）的逻辑功能并测试。使用 Quartus II 创建工程、编辑电路图、编译，编辑波形文件并仿真，测试其所有功能，记录波形并说明仿真结果。

11）用 FPGA 实现 74LS83（4 位二进制全加器）的逻辑功能并测试。使用 Quartus II 创建工程、编辑电路图、编译，编辑波形文件并仿真，测试其所有功能，记录波形并说明仿真结果。

4.2.5　思考题

1. 什么是顶层文件？如何更换顶层文件？

2. 建立矢量波形文件时，对输入信号添加激励的具体方式有哪些？

3. 什么是基于乘积项的可编程逻辑结构？什么是基于查找表的可编程逻辑结构？

4. FPGA 系列器件中的 EAB/M9K 有何作用？

5. 解释编程与配置这两个概念。

4.3　组合电路的自动化设计

4.3.1　实验目的

1）熟悉常见组合逻辑宏模块的功能。

2）掌握使用宏模块设计组合逻辑电路的方法。

3）掌握使用 Quartus II 软件设计组合电路的图形输入设计方法。

4）掌握使用 Quartus II 软件进行电路仿真的方法。

4.3.2　实验仪器与器件

实验所需仪器及器件见表 4-2。

表 4-2　实验所需仪器及器件

序号	仪器或器件名称	型号或规格	数量
1	逻辑实验箱		
2	PC		
3	Quartus II 软件		
4	FPGA/CPLD 开发板		
5	USB-Blaster 下载器		

4.3.3　实验原理

1 位全加器是带有低位进位输入的加法电路，是算术运算电路的基本逻辑单元，其真值表见表 4-3。

表 4-3　1 位全加器真值表

输入			输出	
A	B	CI	S	CO
0	0	0	0	0
0	0	1	1	0
0	1	0	1	0
0	1	1	0	1
1	0	0	1	0
1	0	1	0	1
1	1	0	0	1
1	1	1	1	1

根据真值表，可以得到输出函数逻辑表达式为

$$S = \overline{A}\,\overline{B}CI + \overline{A}B\overline{CI} + A\overline{B}\,\overline{CI} + ABC = \sum m(1,2,4,7) \tag{4-1}$$

$$CO = AB + BCI + ACI = \sum m(3,5,6,7) \tag{4-2}$$

实现 1 位全加器有很多种方法，例如，我们可以用译码器 74LS138（元器件库中为 74138）来实现。74LS138 是一种 8 线 - 3 线译码器，它的原理和使用方法在第 2 章中已经论述过，不再赘述。使用 74LS138 和与非门实现 1 位全加器的逻辑电路如图 4-21 所示。

用 FPGA 来实现这个电路，步骤与上一个实验基本相同：先打开 Quartus II 编辑输入原理图，编译、仿真无误后，再锁定引脚并编程下载到 FPGA 芯片中即可实现。具体步骤可以参考上一个实验，简述如下。

图 4-21　使用译码器和与非门实现
1 位全加器的逻辑电路

1. 设计输入

1）创建工程。单击 File → New Project Wizard，打开新建工程向导，选择新电路工程存放的路径，设置工程名和顶层文件名均为 adder。器件选择 Cyclone 10 LP 系列中的 10CL040YU484A7G，其余选择系统默认选项，直到创建工程完毕。

2）打开原理图编辑窗口，新建一个原理图文件。单击 File→New，选择创建一个 Block Diagram/Schematic File，单击 "OK" 按钮打开原理图编辑窗口。

3）添加元器件和输入/输出端口，连接导线，绘制原理图，如图 4-22 所示。

2. 编译及仿真

1）编译。原理图编辑好之后，单击 Processing→Start Compilation，进行全局编

译。如有错误，改正错误直到编译成功为止。

图 4-22 绘制原理图

2）新建波形仿真文件。单击 File→New，选择 Verification/Debugging Files→University Program VWF，单击"OK"按钮，打开波形编辑窗口。

3）选择所有的输入/输出信号作为仿真节点，并对输入信号赋随机值（Random Value），赋值对话框如图 4-23 所示。可以选择随机值产生的时序，例如这里选择每100ns 改变一次输入信号，高低电平随机产生。

图 4-23 赋值对话框

4）仿真结果如图 4-24 所示，由波形可见，输出结果符合预期逻辑。

图 4-24 仿真结果

4.3.4 实验内容

1）用 3 线 - 8 线译码器宏模块 74LS138 设计和实现三人表决电路。用 FPGA 实现其逻辑功能并测试。使用 Quartus II 创建工程、编辑电路图、编译，编辑波形文件并仿真，测试其功能，记录波形并说明仿真结果。

2）用八选一数据选择器宏模块74LS151设计一个电路，该电路有3个输入逻辑变量 A、B、C 和1个工作状态控制变量 M。当 $M=0$ 时，电路实现"意见一致"功能（若 A、B、C 状态一致，输出为1，否则输出为0）；当 $M=1$ 时，电路实现"多数表决"功能（输出与 A、B、C 中多数的状态一致）。用FPGA实现其逻辑功能并测试。使用 Quartus II 创建工程、编辑电路图、编译，编辑波形文件并仿真，测试其功能，记录波形并说明仿真结果。

3）用双四选一数据选择器宏模块74LS153设计和实现1位全加器。用FPGA实现其逻辑功能并测试。使用 Quartus II 创建工程、编辑电路图、编译，编辑波形文件并仿真，测试其功能，记录波形并说明仿真结果。

4）用两个74LS85设计一个8位比较器。使用 Quartus II 创建工程、编辑电路图、编译，编辑波形文件并仿真，测试其功能，记录波形并说明仿真结果。

5）用八选一数据选择器74LS151设计电路，判断一位余3码是否大于5。使用 Quartus II 创建工程、编辑电路图、编译，编辑波形文件并仿真，测试其功能，记录波形并说明仿真结果。

6）设计一个4位二进制数的奇校验器，设输入的4位二进制代码分别为 A、B、C、D，输出为 P。使用 Quartus II 创建工程、编辑电路图、编译，编辑波形文件并仿真，测试其功能，记录波形并说明仿真结果。

7）用74LS283加法器和逻辑门设计实现1位8421BCD码加法器电路，输入/输出均是BCD码。CI为低位的进位信号，CO为高位的进位输出信号，输入为两个1位十进制数 A，输出用 S 表示。

8）用74LS151数据选择器设计一个监视交通信号灯工作状态（Y）的逻辑电路，每一组信号灯均由红（R）、黄（A）、绿（G）三盏灯组成。正常工作状态下，任何时刻总有一盏灯亮，而且只允许一盏灯亮。而当出现其他5种点亮状态时，电路发生故障，这时要求发出故障信号，以提醒维护人员前去修理。使用 Quartus II 创建工程、编辑电路图、编译，编辑波形文件并仿真，测试其功能，记录波形并说明仿真结果。

9）用74LS138实现报警控制电路。设某设备有开关 A、B、C，要求只有在开关 A 接通的条件下开关 B 才能接通，只有在开关 B 接通的条件下开关 C 才能接通。若违反这一规则，则发出报警信号。使用 Quartus II 创建工程、编辑电路图、编译，编辑波形文件并仿真，测试其功能，记录波形并说明仿真结果。

10）用4位并行加法器74LS283设计一个加/减运算电路。当控制信号 $M=0$

时，它将两个输入的 4 位二进制数相加；当 $M = 1$ 时，它将两个输入的 4 位二进制数相减。使用 Quartus II 创建工程、编辑电路图、编译，编辑波形文件并仿真，测试其功能，记录波形并说明仿真结果。

4.3.5 思考题

1. 在 Quartus II 中绘制原理图时，在哪个元器件库调用 VCC 和 GND？

2. 在 Quartus II 中，仿真有几种方式？各有什么区别？

3. 全程编译主要包括哪几个功能模块？这些功能模块各有什么作用？

4. 有哪三种引脚锁定的方法？详细说明这三种方法的使用流程和注意事项，并说明它们各自的特点。

4.4 广义译码器的应用

4.4.1 实验目的

1) 熟悉广义译码器的概念。

2) 掌握使用广义译码器模型设计一般组合逻辑电路的方法。

3) 掌握使用 Quartus II 软件设计组合电路的文本输入设计方法。

4) 掌握使用 Quartus II 软件进行电路仿真的方法。

4.4.2 实验仪器与器件

实验所需仪器及器件见表 4-4。

表 4-4 实验所需仪器及器件

序号	仪器或器件名称	型号或规格	数量
1	逻辑实验箱		
2	PC		
3	Quartus II 软件		
4	FPGA/CPLD 开发板		
5	USB-Blaster 下载器		

4.4.3 实验原理

广义译码器的概念是，所有组合电路的功能都可以用一张真值表来表示，组合电路的输出信号都可以看作是一种对输入信号的译码，即把若干输入数据翻译成对应的若干输出数据。如果通过文本语言描述的方式，将从输入信号到输出信号的真值表描述清楚，那么即可实现该组合逻辑电路。

例如，1位全加器的真值表见表4-5，那么如何用一种文本语言描述这个电路呢？常见的硬件描述语言有两种：VHDL 和 Verilog HDL。接下来主要以 Verilog HDL 语言为例进行说明。

表4-5 1位全加器的真值表

输入			输出	
A	B	CI	S	CO
0	0	0	0	0
0	0	1	1	0
0	1	0	1	0
0	1	1	0	1
1	0	0	1	0
1	0	1	0	1
1	1	0	0	1
1	1	1	1	1

Verilog HDL 是一种常用的硬件描述语言，能够形式化地抽象表示电路的结构和行为，支持逻辑设计中层次与领域的描述。Verilog HDL 适合算法级、寄存器传输级、门级、开关级等的设计。与 VHDL 相比，Verilog HDL 易学易用，与 C 语言比较像。

Verilog HDL 程序都是由模块（module）组成的。模块的内容都嵌在 module 和 endmodule 两个关键字之间，每个模块实现特定的功能，类似一张原理图的功能，模块之间可以相互调用。Verilog HDL 程序包括模块名、输入/输出端口列表、逻辑功能定义等部分。程序模板如图4-25所示。

模块名是用户为电路模块起的名字，不能与元器件库中已有的模块名重复，用英文字母和数字表示。在 Quartus II 中，模块名必须与该模块所在的文件同名，都表示用户所设计的模块。

```
module<模块名>（<输入/输出端口列表>）
    output<输出端口列表>
    input<输入端口列表>
    reg//定义register变量
    always@（<敏感信号表>）
        begin
        …
        end
endmodule
```

图4-25 程序模板

输入/输出端口列表必须列举所有的输入/输出端口名，然后再分别说明哪些是输入端口，哪些是输出端口。所有的输入/输出端口在程序中可以看作输入/输出变量，输出变量随输入变量和时序的变化而变化。如果没有定义输入变量的数据类型，那么默认为 wire 类型，也就是信号线类型。输出变量一般定义为 reg 类型，即寄存器类型。

always 块语句是 Verilog HDL 中常见的过程语句，可以用来设计组合电路和时序

图 4-26　新建文本文档

电路。always 块语句在敏感信号的激励下，不断地反复执行。敏感信号表中一般列举所有的输入变量，变量用逗号或者 or 连接。当输入信号发生变化时，程序就执行 always 中的语句，重新计算输出信号，这与实际电路的执行模式一致。如果 always 块语句包含多于一条语句，就要使用 begin 和 end，像括号一样把所有的语句包含在里面。

使用 Verilog HDL 设计 1 位全加器，首先要创建工程，创建的流程详见前文所述，不再赘述。创建好工程后，新建文本文档，单击 File→New，在弹出的对话框中选择 Design Files 类别中的 Verilog HDL File，如图 4-26 所示。随即打开文本编辑窗口，在文本编辑窗口输入如图 4-27 所示代码并存盘，文件名与模块名要完全一致。

图 4-27　1 位全加器的文本描述

这段代码的含义详述如下。

第 1 行：module 是模块的关键字，表示模块开始，module 与 endmodule 总是成对出现，此模块的 endmodule 在第 16 行，表示模块结束。module 后面的 Adder_full 是模块名，其命名规则与变量相同。括号里面罗列了所有的输入/输出信号，括号外面的分号注意不要漏掉。

第 2 行：定义 3 个输入信号 A、B 和 CI，没有声明数据类型，即默认为 wire 类型。

第 3 行：定义输出的和变量 S 和进位变量 CO，并将其定义为 reg 类型。

第 4 行：always 过程语句。敏感信号表中罗列了所有的输入信号和输出信号，一旦敏感信号发生变化，下面的 case 语句就要执行一遍。

第 5～15 行：case 语句。case 是条件语句，根据 case 后面括号里的变量值，执行不同的操作。A、B 和 CI 这 3 个变量用大括号括起来表示组合成一个整体，成为一个 3 位二进制向量。下面的 3'b000 表示位宽为 3 的二进制数 000，b 表示数制为二进制，也可大写。

在 Verilog HDL 中，有 4 种数制形式：二进制（b 或 B）、十进制（d 或 D）、八进制（o 或 O）和十六进制（h 或 H）。完整的数据格式是"位宽'进制＋数字"，例如 4'd9、8'h7C。如果是十进制数，可以省略位宽和进制，例如 18。

"<="是赋值符号，相当于等号，把符号右边的值赋给符号左边的变量。这种赋值方式称为非阻塞赋值，与等号表示的阻塞赋值略有差别。

第 14 行的 default 表示当 {A，B，CI} 不取以上任一数据时，执行 default 下面的操作。

编辑好文件后，就可以编译了，编译通过后建立矢量波形文件进行仿真。仿真的步骤在前文已经详细阐述过，不再赘述。因为该文本文件描述的也是 1 位全加器，所以仿真的波形结果应该与图 4-24 类似。

4.4.4　实验内容

1) 设计一个五人表决器电路，参加表决者 5 人，同意为 1，不同意为 0，结果取决于多数人的意见。使用 Quartus II 创建工程，用 Verilog HDL 设计电路，再编译，编辑波形文件并仿真，测试其功能，记录波形并说明仿真结果。

2) 设计一个码制转换电路，将 BCD 码转换成格雷码。使用 Quartus II 创建工程，用 Verilog HDL 设计电路，再编译，编辑波形文件并仿真，测试其功能，记录波形并说明仿真结果。

3) 设计一个计算机房的上机控制电路。此控制电路有 X、Y 两个控制端，控制上午时，取值为 01；控制下午时，取值为 11；控制晚上时，取值为 10。A、B、C 为需要上机的 3 个学生，其上机的优先顺序为：上午为 ABC，下午为 BCA，晚上为

CAB。电路的输出 F_1、F_2 和 F_3 为 1 时分别表示 A、B 和 C 能上机。使用 Quartus II 创建工程，用 Verilog HDL 设计电路，再编译，编辑波形文件并仿真，测试其功能，记录波形并说明仿真结果。

4）设计一个密码锁。密码锁的密码可以由设计者自行设定，设该锁有 4 位二进制代码输入端 $A_3A_2A_1A_0$ 和一个开锁钥匙信号输入端 B。当 $B=1$（有钥匙插入）且符合设定的密码时，允许开锁信号输出 $Y_1=1$（开锁），报警信号输出 $Y_2=0$；当有钥匙插入但是密码不对时，$Y_1=0$，$Y_2=1$（报警）；当无钥匙插入时，无论密码对否，$Y_1=Y_2=0$。使用 Quartus II 创建工程，用 Verilog HDL 设计电路，再编译，编辑波形文件并仿真，测试其功能，记录波形并说明仿真结果。

5）设计一个比较电路，当输入的 8421BCD 码大于 5 时，输出 1，否则输出 0。使用 Quartus II 创建工程，用 Verilog HDL 设计电路，再编译，编辑波形文件并仿真，测试其功能，记录波形并说明仿真结果。

6）设计驱动 7 段共阴极数码管显示的译码器电路，其真值表见表 4-6。用 FPGA 实现其逻辑功能并测试。使用 Quartus II 创建工程，用 Verilog HDL 设计电路，再编译，编辑波形文件并仿真，测试其功能，记录波形并说明仿真结果。

7）设计一个电动机报警电路。有 A、B、C、D 四台电动机，要求 A 动 B 必动，C、D 不能同时动，否则报警。使用 Quartus II 创建工程，用 Verilog HDL 设计电路，再编译，编辑波形文件并仿真，测试其功能，记录波形并说明仿真结果。

表 4-6 显示译码器真值表

输入		输出	字型
数字	$A_3A_2A_1A_0$	$Y_aY_bY_cY_dY_eY_fY_g$	
0	0 0 0 0	1 1 1 1 1 1 0	$\square$
1	0 0 0 1	0 1 1 0 0 0 0	$|$
2	0 0 1 0	1 1 0 1 1 0 1	2
3	0 0 1 1	1 1 1 1 0 0 1	3
4	0 1 0 0	0 1 1 0 0 1 1	4
5	0 1 0 1	1 0 1 1 0 1 1	5
6	0 1 1 0	0 0 1 1 1 1 1	6
7	0 1 1 1	1 1 1 0 0 0 0	7
8	1 0 0 0	1 1 1 1 1 1 1	8
9	1 0 0 1	1 1 1 0 0 1 1	9

8）设计一个 1 位二进制全减器。输入为被减数 A_1、减数 B_1、低位来的借位信号 J_0，输出为差 D_1、向高位的借位信号 J_1。使用 Quartus II 创建工程，用 Verilog HDL 设计电路，再编译，编辑波形文件并仿真，测试其功能，记录波形并说明仿真结果。

9）设计一个皮带传动机报警电路。有 A、B、C 三条皮带，送货方向为 $A \rightarrow B \rightarrow C$，为防止物品在传动带上堆积，造成落地损坏，要求 C 停 B 必停，B 停 A 必停，否则就发出警报信号。使用 Quartus II 创建工程，用 Verilog HDL 设计电路，再编译，编辑波形文件并仿真，测试其功能，记录波形并说明仿真结果。

10）设计一个指示电气列车开动的逻辑电路。有一列自动控制的地铁电气列车，在所有的门都已关上且下一段路轨已空出的条件下才能离开站台。但是，如果发生关门故障，则在开着门的情况下，车子可以通过手动操作开动，但仍要求下一段路轨已空出。（设输入信号为：A 为门开关信号，$A = 1$ 表示门关；B 为路轨控制信号，$B = 1$ 表示路轨空出；C 为手动操作信号，$C = 1$ 表示手动操作。）使用 Quartus II 创建工程，用 Verilog HDL 设计电路，再编译，编辑波形文件并仿真，测试其功能，记录波形并说明仿真结果。

4.4.5　思考题

1. always 语句中的敏感信号表应由哪些信号组成？为什么？
2. 设计电路时，采用文本输入和使用原理图输入，各有什么优缺点？
3. 概述 Assignments 中 Assignments Editor 的功能，并举例说明。
4. 归纳利用 Quartus II 进行 Verilog 文本输入设计的流程（从文本输入到硬件功能测试）。

4.5　8 位串行进位加法器的设计

4.5.1　实验目的

1）掌握 1 位半加器、1 位全加器及多位串行进位加法器的设计方法。
2）掌握自底向上的电路设计方法。
3）掌握使用 Quartus II 软件设计组合电路的方法。
4）掌握使用 Quartus II 软件进行电路仿真的方法。

4.5.2　实验仪器与器件

实验所需仪器及器件见表 4-7。

表4-7　实验所需仪器及器件

序号	仪器或器件名称	型号或规格	数量
1	逻辑实验箱		
2	PC		
3	Quartus II 软件		
4	FPGA/CPLD 开发板		
5	USB-Blaster 下载器		

4.5.3　实验原理

想要实现8位串行进位加法器，可以把8个1位全加器串联起来，如图4-28所示。

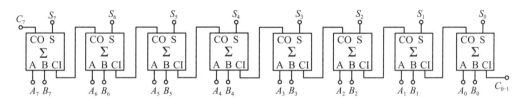

图4-28　8位串行进位加法器

在之前的实验中，1位全加器的电路分别用原理图和文本输入的方式设计实现了。如果可以调用之前设计的模块组成新的电路，就可以节省不少工作。

先打开之前的全加器设计工程，单击 File→Open Project，选择之前设计全加器的工程 adder；打开工程 adder；再打开原理图设计文件，单击 File→Create/Update→Create Symbol Files for Current File，将其生成为器件，并命名为 adder1，表示1位全加器，如图4-29所示。

生成器件，相当于将自己设计的电路封装成一个自定义 IP，这样就可以在设计其他电路的时候直接调用了。

单击 File→New→Block Diagram/Schematic File，新建一个原理图文件，在原理图编辑窗口任意位置双击，打开元器件库，找到 Project，也就是用户自定义元器件库，如图4-30所示。选择 adder1，可以看到1位全加器封装后的符号，单击"OK"按钮，将其放置在原理图编辑窗口的适当位置，放置8个，按照图4-28所示连线，即可实现8位串行进位加法器。

8位的加数 A 和加数 B 相加得到8位的和 S，故均可以将其定义为位宽为8的矢量，这样方便整体处理。在原理图上定义矢量的方法是，在输入端口 input 上右击，选中 Properties，输入 instance name 为 A[7..0] 和 B[7..0]。在输出端口 output 上右击，选中 Properties，输入 instance name 为 S[7..0]。这样就将输入/输出都定义成了8位的矢量。输入加数分别接入1位全加器的输入端，所以需要在相关信号线上依次标注 A[0]～A[7]、B[0]～B[7] 及 S[0]～S[7]，8位串行进位加法器原理图如图4-31所示。

图 4-29　生成器件

图 4-30　用户自定义元器件库

图4-31 8位串行进位加法器原理图

编辑好原理图后，在启动编译之前，需要将新编辑的原理图文件存盘，将其命名为adder8，并设置为新的顶层文件。方法是，打开工程浏览器（Project Navigator），选择 Files→adder8，右击，选择 Set as Top-Level Entity，即可将其设置为新的顶层文件，如图4-32所示。此时，我们会发现项目名称同时自动变换为与顶层文件名完全一致的名字，然后启动全程编译。

图4-32　设置新的顶层文件

编译无误后，接下来要对电路编辑仿真文件，仿真验证电路设计的正确性。将输入/输出端口定义成矢量以后，仿真的时候就可以对其整体赋值。首先单击 File→New→University Program VWF，新建一个矢量波形文件，插入所有节点，设置 Radix: Unsigned Decimal ，显示格式为无符号的十进制数。为了方便，我们选择赋值为随机数（Random Value），单击工具栏上的仿真快捷键 ，启动仿真。仿真结果如图4-33所示，可以验证结果正确。

图4-33　仿真结果

设计好8位串行进位加法器，可以生成新的8位全加器器件，进而可以构建更大的电路系统。

这种先设计小的逻辑单元，再组成更大的功能模块，最后将各个功能模块连成整个系统的设计方法，称为自底向上的设计方法。

4.5.4　实验内容

1）使用门电路设计1位半加器，并生成器件。使用 Quartus II 创建工程，编辑原理图，再编译，编辑波形文件并仿真，测试其功能，记录波形并说明仿真结果。

2）使用半加器器件设计 1 位全加器，并生成器件。使用 Quartus II 创建工程，编辑原理图，再编译，编辑波形文件并仿真，测试其功能，记录波形并说明仿真结果。

3）使用全加器器件设计 8 位串行进位加法器电路，并生成器件。用 FPGA 实现其逻辑功能并测试。使用 Quartus II 创建工程，编辑原理图，再编译，编辑波形文件并仿真，测试其功能，记录波形并说明仿真结果。

4）使用 8 位串行进位加法器器件设计 32 位串行进位加法器电路。用 FPGA 实现其逻辑功能并测试。使用 Quartus II 创建工程，编辑原理图，再编译，编辑波形文件并仿真，测试其功能，记录波形并说明仿真结果。

5）参考上述内容，完成 4 位乘法器的设计。用 FPGA 实现其逻辑功能并测试。使用 Quartus II 创建工程，编辑原理图，再编译，编辑波形文件并仿真，测试其功能，记录波形并说明仿真结果。

6）完成 8 位乘法器的设计。用 FPGA 实现其逻辑功能并测试。使用 Quartus II 创建工程，编辑原理图，再编译，编辑波形文件并仿真，测试其功能，记录波形并说明仿真结果。

7）使用门电路设计 1 位半减器，并生成器件。使用 Quartus II 创建工程，编辑原理图，再编译，编辑波形文件并仿真，测试其功能，记录波形并说明仿真结果。

8）使用半减器器件设计 1 位全减器，并生成器件。使用 Quartus II 创建工程，编辑原理图，再编译，编辑波形文件并仿真，测试其功能，记录波形并说明仿真结果。

9）使用全减器器件设计 8 位全减器电路，并生成器件。用 FPGA 实现其逻辑功能并测试。使用 Quartus II 创建工程，编辑原理图，再编译，编辑波形文件并仿真，测试其功能，记录波形并说明仿真结果。

10）设计 8 位可控加减法器。使用 Quartus II 创建工程，编辑原理图，再编译，编辑波形文件并仿真，测试其功能，记录波形并说明仿真结果。

4.5.5 思考题

1. 举例说明在 Verilog HDL 的操作符中，哪些操作符的运算结果总是 1 位的。

2. 如何实现在电路设计中调用以前设计过的电路模块？

3. 在 Verilog HDL 中，可以在模块 A 中调用模块 B，在模块 B 中也调用模块 A 吗？为什么？

4. 自底向上的设计方法与自顶向下的设计方法各有什么优缺点？

4.6 组合电路的硬件测试

4.6.1 实验目的

1）掌握基于 Quartus II 软件的引脚分配的方法。

2）掌握基于 Quartus II 软件的编程下载到 FPGA 芯片的方法。

4.6.2 实验仪器与器件

实验所需仪器及器件见表4-8。

表4-8 实验所需仪器及器件

序号	仪器或器件名称	型号或规格	数量
1	逻辑实验箱		
2	PC		
3	Quartus II 软件		
4	FPGA/CPLD 开发板		
5	USB-Blaster 下载器		

4.6.3 实验原理

使用 FPGA 实现设计的电路，除了设计输入、编译、适配、仿真等之外，还需要进行引脚分配和编程下载两个步骤。在此以常见的三人表决器电路的硬件实现为例说明具体流程。

三人表决器电路的真值表、表达式和原理图如图4-34 所示。

按照此原理图，创建工程 BJ3，新建原理图文件 BJ3，输入该原理图，编译、仿真无误后，即可进行硬件测试。

1. 引脚分配

引脚分配是指为在 FPGA 中实现所设计的电路，指派电路所有的输入/输出端

图 4-34 三人表决器电路的真值表、表达式和原理图

口所对应的 FPGA 引脚。不同的 FPGA 器件，引脚分配自然也不一样。为了便于说明，在此以 Cyclone 10 LP 系列的 10CL040YU484A7G 芯片为例，其他的 FPGA 器件引脚分配的步骤，与之类似。

FPGA 芯片一般有上百个引脚，这些引脚主要分为 5 类，在做引脚分配的时候要注意区分：①用户 I/O，用来作为输入/输出引脚或者双向引脚；②电源和地；③时钟引脚，用来输出各类时钟信号；④配置引脚，用来输入/输出各种配置信号；⑤特殊引脚，用来输出各种特殊控制信号。

三人表决器有 3 个输入信号 A、B、C，以及 1 个输出信号 Y。首先要根据实验平台的具体情况确定输入和输出引脚的具体编号。通过附录 F 可查，输入信号可以锁定在实验平台上的任意 3 个拨码开关上，比如锁定在 PIN_A16、PIN_B16 和 PIN_A15 上；输出信号可选用实验平台上发光二极管中的任意一个来表示，比如锁定在 PIN_W19 上。进行引脚分配时，必须根据硬件的具体连接情况来选择锁定 FPGA 的哪个或哪些引脚。

打开工程 BJ3，单击 Assignments→Pin Planner，打开引脚分配窗口，按照引脚编号输入在 Location 栏，如图 4-35 所示。

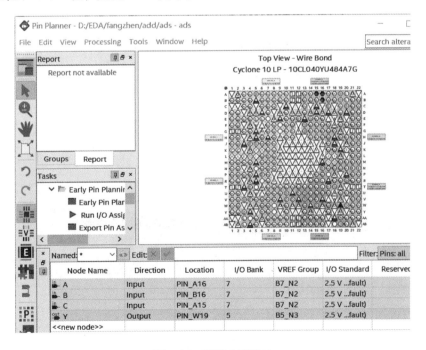

图 4-35 引脚分配窗口

退出引脚分配窗口后，必须再编译（启动 Start Compilation）一次，才能将引脚分配信息编译进编程下载配置文件中。此后，就可以准备将编译好的 SOF 文件下载到实验平台的 FPGA 中去了。

2. 编程下载

引脚分配并编译完成后，Quartus II 会生成多个针对所选目标 FPGA 的编程文件，其中最主要的是 SOF 文件，它是静态 SRAM 目标文件，用于对 FPGA 直接配置，在系统直接测试中使用。

编程下载前，FPGA 开发板和 PC 之间要通过下载配置线缆连接起来，最常用的是 USB-Blaster 下载器。第一次使用 USB-Blaster 下载器，需要安装驱动程序。

第一次插入 USB-Blaster 下载器，PC 的操作系统会提示"发现新硬件"，或者可以在设备管理器中的"通用串行总线控制器"下面找到打着问号的设备，为其安装驱动程序。安装驱动的时候，需要手动设置驱动搜索路径。由于 Quartus II 的安装路径下已经集成了 USB-Blaster 的驱动，因此设置驱动搜索路径为".. \ quartus \ drivers \ usb-blaster"，然后按照提示单击"下一步"和"确定"按钮，直至安装成功。安装成功后，即可发现设备管理器中的设备已经更新为 Altera USB-Blaster，如图 4-36 所示。

图 4-36　安装成功

硬件连接成功后，将实验平台和 USB-Blaster 下载器连接，打开电源。单击 Tools→Programmer，即可打开编程窗口，如图 4-37 所示。在 Mode 下拉列表框中选 JTAG（默认），并勾选下载文件右侧的第一个小方框。注意核对下载文件路径与文件名。如果此文件没有出现或有错，就单击左侧的"Add File"按钮，手动选择配置文件 BJ3. sof。

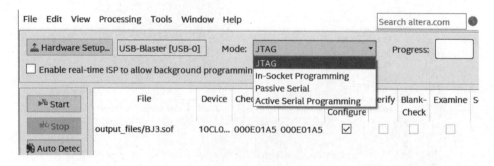

图 4-37　编程窗口

若是初次安装的 Quartus II，在编程前必须进行下载器选择操作。若准备选择 USB-Blaster 下载器，则单击 Hardware Setup 按钮设置下载接口方式，在弹出的

Hardware Setup 对话框（如图 4-38 所示）中，选择 Hardware Settings 标签，再双击此标签中的 USB-Blaster 选项，之后单击"Close"按钮，关闭对话框。这时，应该在编程窗口右上部显示出编程方式：USB-Blaster。

图 4-38　Hardware Setup 对话框

最后单击下载"Start"按钮，即可进入对目标器件 FPGA 的配置下载操作。当 Progress 显示出 100%，或处理信息栏中出现"Configuration Succeeded"时，表示编程成功。

可以单击图 4-37 中的 Auto Detect 按钮，查看是否能读出实验平台上 FPGA 的型号。如果可以，就说明 USB-Blaster 下载器与 FPGA 的 JTAG 接口已连接好。

编程成功后，拨动拨码开关，观察 3 个开关和发光二极管的对应关系，判断该电路是否工作正常。

3. 对 FPGA 配置器件编程

将 SOF 文件配置进 FPGA 的目的是对载入 FPGA 的数字电路进行硬件测试和实际功能评估，然而此文件代码处于 FPGA 中 LUT 内的 SRAM 中，系统一旦掉电，所有信息都将丢失。为了使系统上的 FPGA 在一上电后能自动获取 SOF 配置文件而迅速建立起相应的逻辑电路结构，必须事先对此 FPGA 专用的配置 FLASH 芯片（例如 EPCS16 芯片）进行编程，将 SOF 文件（或是由 SOF 文件转化的文件）烧写固化到里面。此后，每当上电，FPGA 就能从 EPCSx 芯片中获得配置文件，以构建起拥有指定功能的逻辑系统。图 4-39 就是这样一个过程的示意图。通过专用的下载器 USB-Blaster，计算机能经由 JTAG 接口与 FPGA 建立起双向联系。通过这条通道，计算机可以向 FPGA 直接配置 SOF 文件，也能向 EPCS 器件烧写文件，或实时收集内部系统的运行信息，还能对 FPGA 的内部逻辑及嵌入的各种功能模块进行测控。

图 4-39　利用 USB-Blaster 经由 FPGA 向 FPGA 的专用配置器件 EPCS16 编程下载

以下介绍利用 JTAG 接口对 EPCS 器件进行编程的方法。先将 SOF 文件转化为 JTAG 间接配置文件，再通过 FPGA 的 JTAG 接口下载 JTAG 间接配置文件，步骤如下。

（1）将 SOF 文件转化为 JTAG 间接配置文件

选择 File→Convert Programing Files，在弹出的对话框（如图 4-40 所示）中做如下选择：

①在 Programming file type 下拉列表框中选择输出文件类型为 JTAG 间接配置文件类型——JTAG Indirect Configuration File，后缀为 .jic。

②在 Configuration device 下拉列表框中选择配置器件型号，这里选择 EPCS16。

③在 File name 文本框中键入输出文件名，如 output_file.jic。

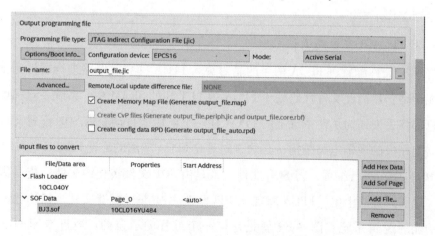

图 4-40　设定 JTAG 间接配置文件

④选择下方 Input files to convert 栏中的 Flash Loader，再单击右侧的 Add Device 按钮，在弹出的器件选择对话框（如图 4-41 所示）的左栏中选定目标器件的系列，

如 Cyclone 10 LP，再在右栏中选择具体器件 10CL040Y。选中 Input files to convert 栏中的 SOF Data 项，然后单击右侧的"Add File"按钮，选择 SOF 文件 BJ3. sof。

为了使 EPCS16 能腾出空间供以后使用（如 SOPC 的 C 程序代码存放），需要压缩后再进行转换。单击选中 Input files to convert 栏中的 BJ3. sof 文件名，然后单击右下方的 Properties 按钮，在弹出的对话框中选中 Compression 复选框（如图 4-42 所示），最后单击"OK"按钮，即可生成所需要的间接配置文件。

图 4-41　器件选择对话框

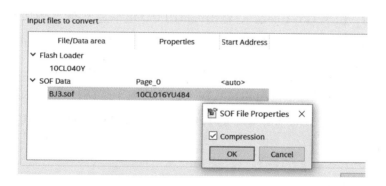

图 4-42　选中 Compression 复选框

（2）通过 FPGA 的 JTAG 接口下载 JTAG 间接配置文件

单击 Tool→Programmer，选择 JTAG 模式，加入 JTAG 间接配置文件 output_file. jic，按图 4-43 所示做必要的选择，单击"Start"按钮进行编程下载。

为了证实下载后系统是否能正常工作，在下载完成后，必须关闭系统电源，再打开电源，以便启动 EPCS 器件对 FPGA 进行配置，然后观察 FPGA 内模块的工作情况。

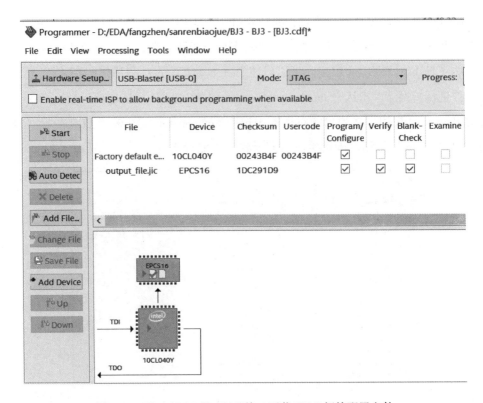

图 4-43　通过 FPGA 的 JTAG 接口下载 JTAG 间接配置文件

　　另须注意，由于 FPGA 的输入/输出端口的 I/O 电平是 3.3V（包括下载于 FPGA 内部的 74 系列模块，如 74LS138 等），因此所有输入 FPGA 的信号的电平必须在这个范围内。如果信号来自传统 TTL 电平的 74LS 器件，那么必须在进入 FPGA 的信号通道上串接一个 200Ω 左右的电阻，且输入信号的频率越高，此电阻的阻值应该越小。若是输出，此类 3.3V I/O 电平的 FPGA 可以直接驱动 74LS、74HC、CD4000 等系列的逻辑器件。

4.6.4　实验内容

　　1）用原理图输入方法设计一个 5 人表决电路，参加表决者 5 人，同意为 1，不同意为 0，同意者过半则表示通过，绿指示灯亮，表决不通过则红指示灯亮。在 Quartus Ⅱ 上进行编辑输入、仿真，验证电路正确性，然后在 FPGA 中进行硬件测试和验证。

　　2）用两个 74LS85 设计一个 8 位比较器。在 Quartus Ⅱ 上进行编辑输入、仿真，验证电路正确性，然后在 FPGA 中进行硬件测试和验证。

　　3）设计一个比较电路，当输入的 8421BCD 码大于 5 时输出 1，否则输出 0。在

Quartus II 上进行编辑输入、仿真，验证电路正确性，然后在 FPGA 中进行硬件测试和验证。

4）设计一个 2 位 BCD 码减法器。在 Quartus II 上进行编辑输入、仿真，验证电路正确性，然后在 FPGA 中进行硬件测试和验证。

5）设计 8 位串行进位加法器电路。在 Quartus II 上进行编辑输入、仿真，验证电路正确性，然后在 FPGA 中进行硬件测试和验证。

6）设计 4 位乘法器电路。在 Quartus II 上进行编辑输入、仿真，验证电路正确性，然后在 FPGA 中进行硬件测试和验证。

7）设计一个 4 位 4 输入最大数值检测器。在 Quartus II 上进行编辑输入、仿真，验证电路正确性，然后在 FPGA 中进行硬件测试和验证。

8）实验室有 D_1、D_2 两个故障指示灯，用来表示三台设备的工作情况。当只有一台设备有故障时，D_1 灯亮；当有两台设备发生故障时，D_2 灯亮；当三台设备都有故障时，D_1、D_2 灯都亮。设计故障显示逻辑电路。在 Quartus II 上进行编辑输入、仿真，验证电路正确性，然后在 FPGA 中进行硬件测试和验证。

9）某学期开设 4 门课程，各科合格成绩分别为 1 分、2 分、3 分、4 分，不合格成绩为 0 分，要求 4 门总成绩达到 7 分方可结业，设计其判别电路。在 Quartus II 上进行编辑输入、仿真，验证电路正确性，然后在 FPGA 中进行硬件测试和验证。

10）在一旅游胜地，有两辆缆车可供游客上下山，请设计一个控制缆车正常运行的逻辑电路。要求缆车 A 和 B 在同一时刻只能一上一下地行驶，并且必须同时把缆车的门（C）关好后才能运行。在 Quartus II 上进行编辑输入、仿真，验证电路正确性，然后在 FPGA 中进行硬件测试和验证。

4.6.5 思考题

1. 简述 Quartus II 的完整开发流程。
2. 在用 FPGA 进行硬件测试的过程中，需要对引脚进行分配，引脚分配要注意哪些问题？
3. 详细说明通过 JTAG 接口对 FPGA 的配置 FLASH EPCS 器件的间接编程方法和流程。
4. OLMC 有何功能？说明 GAL 是怎样实现可编程组合电路与时序电路的。
5. 请参阅相关资料，并回答问题：将基于乘积项的可编程逻辑结构的 PLD 器件归类为 CPLD，将基于查找表的可编程逻辑结构的 PLD 器件归类为 FPGA，那么，APEX 系列属于什么类型的 PLD 器件？MAX II 系列又属于什么类型的 PLD 器件？为什么？

4.7　基于远程实境实验平台的硬件测试

4.7.1　实验目的

1）了解远程实境实验平台。

2）掌握基于 Quartus II 软件的编程下载到远程实境实验平台的方法。

4.7.2　实验仪器与器件

实验所需仪器及器件见表 4-9。

表 4-9　实验所需仪器及器件

序号	仪器或器件名称	型号或规格	数量
1	远程实境实验平台		
2	PC		
3	Quartus II 软件		

4.7.3　实验原理

远程实境实验平台基于可编程逻辑器件，是可以线上共享访问的实验平台。设计者在本地 PC 上完成电路设计与仿真，通过网络访问该实验平台，将电路配置文件远程下载到该实验平台的 FPGA 中去，然后通过远程逻辑开关控制输入信号的变化，并通过网络摄像头和麦克风实时得到实验的输出结果。远程实境实验平台得益于网络技术的进步，可以节省硬件，实现优质资源共享。

下面仍以三人表决器为例，介绍远程实境实验平台的使用。

创建工程等过程不再赘述。画好原理图后，进行编译和仿真。接下来，单击 Assignments→Pin Planner，打开引脚分配窗口，在 Location 栏输入引脚编号，类似图 4-35 所示。

实验平台提供的输入/输出模块与 FPGA 相连接的引脚对应见附录 F。这里，请根据具体电路的需要进行选用和引脚分配。引脚分配后，再编译一次，工程文件夹中会生成相应的 FPGA 下载配置文件——. sof 文件。

登录远程实境实验平台网站 http：//www. remote-lab. com，首次访问需要注册。注册完成后登录网站，选择相应课程，加入课程后预约远程实验。预约时间到后，单击"进入实验"，可打开虚拟客户端 VA，进入实验操作，预约界面如图 4-44 所示。

← 返回课程　│　组合电路自动化设计入门

距离实验开始还有00:13:14 你预约的是cyclone10-12x　　进入实验　　取消预约

实验描述　　实验步骤

图 4-44　预约界面

首次使用需要安装虚拟客户端 VA,单击下载安装即可,后续使用不需要再次安装。安装好之后,单击"进入实验"按钮,打开虚拟文件夹,如图4-45 所示。

图 4-45　虚拟文件夹

首先,需要上传之前生成的 . sof 文件。单击左侧的"Quartus"标签,单击快捷菜单中的"上传"图标,并在弹出的上传窗口中浏览找到要下载到 FPGA 中的 . sof 文件,单击"确定",上传该文件至服务器。

其次,单击左侧的"私人"标签,双击右侧窗口中的"FPGA 烧录"(如图4-46 所示),打开远程实验操作窗口,如图4-47 所示。

图 4-46　FPGA 烧录界面

窗口左侧一列为虚拟仪器,包含视频监控、示波器、信号发生器、电源等,可根据需要选择。窗口下部是 8 个按键开关 $A_7 \sim A_0$ 和 8 个拨码开关 $B_7 \sim B_0$，可用鼠标单击控制输入信号的变化。

图 4-47　远程实验操作窗口

单击右侧第一个下拉列表框，选择自己的下载文件，单击"FPGA 远程下载"按钮，启动下载。当看到下载成功的提示框后，调节输入信号，在中间实验平台实时视频图像画面中即可观察到实验结果。

4.7.4　实验内容

1）设计一个码制转换电路，将 BCD 码转换成余 3 码。在 Quartus II 上进行编辑输入、仿真，验证其正确性，然后在 FPGA 中进行硬件测试和验证。

2）设计一个五输入函数，当输入端有 4 个或 4 个以上为 1 时，输出为 1。在 Quartus II 上进行编辑输入、仿真，验证其正确性，然后在 FPGA 中进行硬件测试和验证。

3）设计一个 2 位 BCD 码加法器。在 Quartus II 上进行编辑输入、仿真，验证其正确性，然后在 FPGA 中进行硬件测试和验证。

4）设计驱动 1 位共阳极数码管的译码显示电路。在 Quartus II 上进行编辑输入、仿真，验证其正确性，然后在 FPGA 中进行硬件测试和验证。

5）设计 6 位的超前进位加法器。在 Quartus II 上进行编辑输入、仿真，验证其正确性，然后在 FPGA 中进行硬件测试和验证。

6）设计多运算电路，在控制信号 $K_1 K_0$ 的控制下，该电路可以执行两个一位二进制数的加、减、与、或运算，输出结果为 $Y_1 Y_0$。在 Quartus II 上进行编辑输入、仿真，验证其正确性，然后在 FPGA 中进行硬件测试和验证。

4.7.5 思考题

1. 简述远程实境实验平台的下载流程。
2. 按键开关与拨码开关有什么区别？
3. 7 段数码管应该用高电平还是低电平驱动？其显示原理是什么？

第5章

时序电路的自动化设计、仿真及实现

5.1 基于74宏模块的计数器设计

5.1.1 实验目的

1）熟悉常见74宏模块的功能。

2）掌握用清零法或置数法设计计数器的方法。

3）掌握用多片计数器芯片级联设计计数器的方法。

5.1.2 实验仪器与器件

实验所需仪器及器件见表5-1。

表5-1 实验所需仪器及器件

序号	仪器或器件名称	型号或规格	数量
1	逻辑实验箱		
2	PC		
3	Quartus II 软件		
4	FPGA/CPLD 开发板		
5	USB-Blaster 下载器		

5.1.3 实验原理

计数器是最常见的时序电路，应用十分广泛。计数器主要通过累计脉冲的个数来进行计数、测量和控制。

常见的74系列计数器有很多种，表5-2列出了其中一部分。

表5-2 常见的74系列计数器

型号	功能	型号	功能
74160	十进制计数器，同步置数，异步清零	74190	十进制可逆计数器，异步置数
74161	4位二进制计数器，同步置数，异步清零	74191	4位二进制可逆计数器，异步置数
74162	十进制计数器，同步置数，同步清零	74192	十进制可逆计数器，异步清零
74163	4位二进制计数器，同步置数，同步清零	74193	4位二进制可逆计数器，异步清零
7490	二-五-十进制计数器	74390	双十进制计数器

在 Quartus II 软件中，元器件库中有丰富的宏模块，也包含上述计数器功能宏模块，可以调用这些熟悉的元器件来设计计数器。

例如，利用 74LS161（在元器件库中为 74161）反馈置数实现计数模值为 11 的计数器，其原理图如图 5-1 所示。预置数为 0000，当计数输出端 $Q_3Q_2Q_1Q_0$ 计数到 1010 时，置数端 $\overline{LD} = \overline{Q_3Q_1} = 0$ 有效。当 CLK 下一个上升沿到来时，输出状态转为预置数状态 0000，置数端 $\overline{LD} = \overline{Q_3Q_1} = 1$ 无效，所以计数器继续正常计数，直至再次计数到 1010。如此循环，即可实现从 0000 到 1010 周期性变化的十一进制计数器。

图 5-1 模 11 计数器原理图

打开 Quartus II，创建一个新工程 counter11，为新工程创建文件夹 counter11。创建完成后，单击 New→Block Diagram/Schematic File，新建原理图文件。打开原理图编辑窗口，双击原理图编辑窗口的空白处，打开 Symbol 对话框，在 Name 文本框中键入 74161，即可调用 74161 宏模块，如图 5-2 所示。

图 5-2 调用 74161 宏模块

将 74161 宏模块放置在原理图编辑窗口的合适位置，再在元器件库中依次选择 VCC、GND、NAND2、INPUT、OUTPUT 等，按照图 5-1 所示的原理图，用导线连接起来。定义输入时钟信号为 CLK，输出信号为 Q，如图 5-3 所示。因为输出 Q 实际包含 4 根输出信号线，命名的时候格式为 $Q[3..0]$，即可表示 $Q[0] \sim Q[3]$ 这 4 路输出信号。再将 74161 宏模块的 4 路输出信号依次命名为 $Q[0]$、$Q[1]$、$Q[2]$ 和 $Q[3]$。注意，这里的中括号不可省略，否则不能直接与输出端口关联。

图 5-3　在 Quartus II 中绘制原理图

原理图绘制完成后，文件命名为 counter11，存盘。然后，单击 Processing→Start Compile，开始编译。编译通过后，为了验证设计的正确性，需要进行仿真。单击 New→University Program VWF，新建一个矢量波形文件。在打开的波形编辑窗口中双击，插入节点。打开 Node Finder，选择所有输入/输出端口（Pins：all），单击 List，然后单击≫选择所有端口，再单击 "OK"，即可看到波形编辑窗口中已经插入了所有的输入/输出端口，如图 5-4 所示。

图 5-4　插入所有输入/输出端口的波形编辑窗口

接下来，设置波形仿真时间域，单击 Edit→End Time，设置仿真结束时间，通常设置为几十微秒，在这里可以设置为 50μs。同样，单击 Edit→Grid Size，将其设置为 100ns，以便于观察波形。

这里的输入信号只有时钟信号 CLK，时钟信号一般是按照一定频率变化的周期性方波。先单击 CLK，选中 CLK 信号，然后单击工具栏上的 即可打开时钟信号对话框，为时钟信号赋值，如图 5-5 所示。在对话框中，可设置时钟信号的周期、相位和占空比，按图 5-5 所示设置参数，设置完成后单击"OK"按钮。将波形文件命名为 counter11.vwf 并存盘。单击工具栏中的 ▶ 进行仿真，得到如图 5-6 所示的仿真结果，可以看到输出信号从 0 到 10 循环变化。当波形大小不合适时，可以单击工具栏中的放大镜工具 🔍 缩放到合适的大小。

图 5-5 时钟信号对话框

图 5-6 十一进制计数器仿真结果

同样，可以在 Quartus II 中调用多个计数器级联，以设计更大规模的计数器。如图 5-7 所示，这是由 3 个十进制计数器 74LS160 级联在一起的 1000 进制计数器，仿真结果如图 5-8 所示。

仿真成功后，进行硬件测试，以远程实验平台为例，介绍一下时序电路硬件测试中需要注意的问题。

根据附录 F 中的资料，远程实验平台包含一个 50MHz 信号的晶体振荡电路，能够输出稳定的 50MHz 方波，连接 FPGA 的引脚 PIN_AB12。但 50MHz 信号的频率太

图5-7 1000进制计数器

图 5-8　1000 进制计数器仿真结果

高，如果直接作为十一进制计数器的时钟信号，那么输出信号变化太快，无法被观测清楚。因此，需要在 FPGA 内设计分频电路，降低频率。分频电路的设计详见 5.3 节，可直接通过调用具有分频功能的锁相环模块或计数器模块来实现。另外，我们也可采用远程实验平台上的按键开关作为时钟信号，如图 5-9 所示。任选 1 个开关进行引脚分配即可，每按一下，就会输出一个周期的方波，计数器的输出变化一次。但是机械开关难免会有抖动，要想得到稳定的信号，还需要设计按键消抖电路，可参照 5.4 节中的方法来设计。

图 5-9　远程实验平台上的按键开关

可以利用 LED 灯的亮灭来观察输出信号的变化，远程实验平台中的流水灯模块如图 5-10 所示。

图 5-10　远程实验平台中的流水灯模块

十一进制的计数器具有 4 个输出信号，可任选 4 个 LED 灯进行引脚分配。引脚分配后，登录远程实验平台，下载配置文件，观察实验结果即可。

5.1.4 实验内容

1）用 74LS161 设计一个可预置的任意进制计数器。使用 Quartus II 创建工程、编辑电路图、编译，编辑波形文件并仿真，记录波形并说明仿真结果，最后在 FPGA 上进行硬件测试。

2）用 74LS390 设计一个 2 位十进制计数器，然后使此计数器在新的工程中作为一个可调用的器件，用它构建一个 8 位十进制计数器。使用 Quartus II 创建工程、编辑电路图、编译，编辑波形文件并仿真，记录波形并说明仿真结果，最后在 FPGA 上进行硬件测试。

3）用 74LS161 设计一个十二进制加法计数器，并注意考察计数器的可行性和可靠性，然后设计一个数控分频器。使用 Quartus II 创建工程、编辑电路图、编译，编辑波形文件并仿真，记录波形并说明仿真结果，最后在 FPGA 上进行硬件测试。

4）用一个 74LS163 和两个 74LS138 构成一个具有 12 路脉冲输出的数据分配器。要求在原理图上标明第 1 路到第 12 路输出的位置。改用一个 74LS195 代替上述74LS163，完成同样的设计。

5）先用两个 74LS160 设计一个六十进制计数器，生成一个器件，再利用这个器件构建一个具有分、秒计时的简易时钟。使用 Quartus II 创建工程、编辑电路图、编译，编辑波形文件并仿真，记录波形并说明仿真结果，最后在 FPGA 上进行硬件测试。

6）用 74LS160 设计一个 288 进制的计数器。使用 Quartus II 创建工程、编辑电路图、编译，编辑波形文件并仿真，记录波形并说明仿真结果，最后在 FPGA 上进行硬件测试。

7）74LS192 是一种可逆的十进制计数器，试用两个 74LS192 实现 25 进制倒计时计数器。使用 Quartus II 创建工程、编辑电路图、编译，编辑波形文件并仿真，记录波形并说明仿真结果，最后在 FPGA 上进行硬件测试。

8）用 74LS193（4 位二进制可逆计数器）分别设计十二进制加法计数器和八进制减法计数器。使用 Quartus II 创建工程、编辑电路图、编译，编辑波形文件并仿真，记录波形并说明仿真结果，最后在 FPGA 上进行硬件测试。

9）用 74LS90（二-五-十进制计数器）设计一个 24 进制加法计数器。使用Quartus II 创建工程、编辑电路图、编译，编辑波形文件并仿真，记录波形并说明仿真结果，最后在 FPGA 上进行硬件测试。

10）用 74LS190（十进制可逆计数器）设计一个 85 进制加法计数器。使用 Quartus II 创建工程、编辑电路图、编译，编辑波形文件并仿真，记录波形并说明仿真结果，最后在 FPGA 上进行硬件测试。

5.1.5 思考题

1. 进位输出信号或借位输出信号有什么特点？应如何设计？
2. 仿真时，时钟信号赋值需要注意哪些问题？
3. 锁存器和触发器的主要区别是什么？与主从触发器相比，边沿触发器具有什么优点？
4. 说明 PAL、GAL、CPLD 及 FPGA 各自的特点。
5. OLMC 有何功能？说明 GAL 是怎样实现可编程组合电路与时序电路功能的。

5.2 基于一般模型的计数器设计

5.2.1 实验目的

1）熟悉计数器的一般模型。
2）掌握在 Quartus II 中实现计数器一般模型的方法。
3）掌握自顶向下的电路设计方法。

5.2.2 实验仪器与器件

实验所需仪器及器件见表 5-3。

表 5-3 实验所需仪器及器件

序号	仪器或器件名称	型号或规格	数量
1	逻辑实验箱		
2	PC		
3	Quartus II 软件		
4	FPGA/CPLD 开发板		
5	USB-Blaster 下载器		

5.2.3 实验原理

如果把计数器看作输出状态随时钟信号不断变化的状态机，那么可以把它抽象成如图 5-11 所示的一般结构模型。这个模型包含一个根据现态求解次态的状态译码器和一个由时钟信号同步控制的 n 位寄存器组。

图 5-11　计数器的一般结构模型

在 Quartus II 中，无论实现寄存器组模块，还是实现译码器模块，都是比较容易的。例如，实现一个模 16 计数器，根据 4.4 节广义译码器的设计方法，可以通过 Verilog HDL 代码实现。

首先，创建新工程 counter16，为新工程建立新文件夹 counter16，将工程和顶层文件命名为 counter16。单击 New→Verilog HDL File，新建文本文件，打开文本编辑窗口，键入 Verilog HDL 代码，如图 5-12 所示，生成 CNT16。

图 5-12　状态译码器的 Verilog HDL 代码

在这里，由于输出状态有 4 位，需要 4 个寄存器保存数据，因此寄存器组模块的电路图如图 5-13 所示。单击 New→Block Diagram/Schematic File，新建一个原理图文件，命名为 DFF4。在打开的原理图编辑窗口放置 4 个 DFF 和相应的输入/输出端口并连线。将所有的时钟信号用统一的时钟输入信号 CLK 来控制，所有的清零信号用 RST 来统一控制。命名好输入/输出端口，4 位寄存器组模块就绘制好了，生成 DFF4。当然，也可以调用元器件库中的 74175 等集成寄存器宏模块来实现。

图 5-13　寄存器组模块的电路图

然后，再新建一个原理图文件，命名为 counter16，与工程同名，作为顶层文件。调用 CNT16 和 DFF4，按照计数器一般结构模型将其连接。注意在模块间传输多位数据时，单击工具栏上的 ⌐ 图标，用总线进行连接。加上相应的输入和输出端口，绘制顶层电路，计数器一般模型原理图如图 5-14 所示。

设计计数器时，有时需要设计进位输出或者借位输出信号，因此增加一个进位信号，进位输出电路如图 5-15 所示。

图 5-14　计数器一般模型原理图

图 5-15　进位输出电路

电路原理图绘制完成后，接下来是编译、仿真和下载。仿真时，尽量测试所有的输入情况。例如，在 RST 信号初期，用鼠标左键拖曳的方式选中一段，并置为低电平（有效，清零），后面置为高电平（无效，正常计数），如图 5-16 所示，以观察清零信号对输出的影响。

图 5-16　对 RST 赋值

图 5-17 所示是十六进制计数器的仿真结果，可见，在计数状态达到 1110 时，进位输出有一个毛刺。因为在输出状态从 1011 到 1110 变化时，变化时间不一致，导致有 1111 的信号短暂发生，所以出现了进位输出端的毛刺。

图5-17 十六进制计数器的仿真结果

在这个一般模型电路的基础上，增加一个比较器模块，就可以实现反馈清零型的一般模型电路。例如，实现一个模12计数器，基于一般模型的反馈清零型电路模块如图5-18所示。

图5-18 基于一般模型的反馈清零型电路模块

在 Quartus II 中画出反馈清零型的一般模型电路原理图，如图5-19所示。其中，状态译码器和寄存器组与之前电路中的一样。比较器模块用来比较现态 CS 与清零预置数 A。若两者相等，则清零；若不相等，则正常计数。

图5-19 反馈清零型的一般模型电路原理图

实现比较器的具体代码如下：

```
module comP(CS,A,R);        // 定义模块名和输入及输出端口
  input [3:0]CS,A;          // 定义输入端口,CS 为现态,A 为清零预置数
  output R;                 // 定义输出端口,R 为清零标志数
  reg R;                    // 定义输出端口为 reg 类型
  always@ (CS,A,R)          // always 过程语句,当 CS、A、R 发生变化时,执行后面的块语句
    case(CS)                // case 条件语句,这里也可以用 if 语句实现同样的功能
      A:R<=1'b1;            // 当 CS 等于 A 时,R 被赋值为 1,这时反馈回寄存器,使输出清零
      default:R<=1'b0;      // 当 CS 不等于 A 时,R 被赋值为 0,这时计数器正常计数
    endcase                 // case 语句结束
endmodule                   // 模块结束
```

这个电路可以通过修改清零预置数 A，方便地更改计数模值，反馈清零型一般模型电路的仿真结果如图 5-20 所示。

图 5-20　反馈清零型一般模型电路的仿真结果

5.2.4　实验内容

1）基于一般模型，设计一个十进制加法计数器。使用 Quartus II 创建工程、编辑电路图、编译，编辑波形文件并仿真，记录波形并说明仿真结果，最后在 FPGA 上进行硬件测试。

2）基于一般模型，设计一个功能类似于 74LS160 的计数器。使用 Quartus II 创建工程、编辑电路图、编译，编辑波形文件并仿真，记录波形并说明仿真结果，最后在 FPGA 上进行硬件测试。

3）基于一般模型，设计一个十二进制加/减法可逆计数器。使用 Quartus II 创建工程、编辑电路图、编译，编辑波形文件并仿真，记录波形并说明仿真结果，最后在 FPGA 上进行硬件测试。

4）基于一般模型，设计一个模可控的同步加法计数器，要求当控制信号 $M=0$ 时为六进制计数器，当 $M=1$ 时为十二进制计数器。使用 Quartus II 创建工程、编辑

电路图、编译，编辑波形文件并仿真，记录波形并说明仿真结果，最后在 FPGA 上进行硬件测试。

5）基于一般模型，设计初值可预置的计数器，变换预置数可使计数模值在 2 ~ 20 变化。使用 Quartus II 创建工程、编辑电路图、编译，编辑波形文件并仿真，记录波形并说明仿真结果，最后在 FPGA 上进行硬件测试。

6）序列信号是指在脉冲作用下循环地产生一串周期性的二进制信号。基于一般模型，设计序列信号发生电路，产生 101101011 的序列信号。使用 Quartus II 创建工程、编辑电路图、编译，编辑波形文件并仿真，记录波形并说明仿真结果，最后在 FPGA 上进行硬件测试。

7）基于一般模型，设计一个 8421BCD 码计数器。使用 Quartus II 创建工程、编辑电路图、编译，编辑波形文件并仿真，记录波形并说明仿真结果，最后在 FPGA 上进行硬件测试。

8）基于一般模型的异步控制型，设计一个十进制加法计数器。使用 Quartus II 创建工程、编辑电路图、编译，编辑波形文件并仿真，记录波形并说明仿真结果，最后在 FPGA 上进行硬件测试。

9）基于一般模型的同步加载型，设计一个十进制加法计数器。使用 Quartus II 创建工程、编辑电路图、编译，编辑波形文件并仿真，记录波形并说明仿真结果，最后在 FPGA 上进行硬件测试。

10）基于一般模型的异步加载型，设计一个十进制加法计数器。使用 Quartus II 创建工程、编辑电路图、编译，编辑波形文件并仿真，记录波形并说明仿真结果，最后在 FPGA 上进行硬件测试。

5.2.5　思考题

1. 计数器的一般模型与状态机之间有什么联系？
2. 同步清零端与异步清零端的区别是什么？
3. 消除毛刺的方法有哪些？
4. 在 Verilog 设计中，对时序电路清零（复位）有两种不同的方法，它们是什么？如何实现？
5. 哪一种复位方法必须将复位信号放在敏感信号表中？给出这两种电路的 Verilog 描述。

5.3 基于IP核的时序电路设计

5.3.1 实验目的

1）熟悉IP库中的各类宏模块。

2）掌握使用LPM_COUNTER模块设计计数器的方法。

3）掌握使用PLL模块设计分频器的方法。

5.3.2 实验仪器与器件

实验所需仪器及器件见表5-4。

表5-4 实验所需仪器及器件

序号	仪器或器件名称	型号或规格	数量
1	逻辑实验箱		
2	PC		
3	Quartus II 软件		
4	FPGA/CPLD 开发板		
5	USB-Blaster 下载器		

5.3.3 实验原理

前面提过，IP核是知识产权核（Intellectual Property Core），是指由某一方提供的形式为逻辑单元的芯片设计可调用模块，Quartus II 中提供了种类丰富的参数可调 IP模块，方便用户调用，简化电路设计。下面介绍其中的两种：计数器（LPM_COUNTER）和锁相环（PLL）。

1. 计数器（LPM_COUNTER）

LPM_COUNTER 是设计计数器的宏模块。在IP库中调用这个宏模块，通过设置计数模值、输入/输出端口位数、计数方式、控制方式等一系列参数，可直接生成目标计数器模块。

具体步骤如下。

首先，创建新的工程，命名为LPMcounter，并放在一个新的文件夹里。其次，单击 New→Block Diagram/Schematic File，新建一个原理图文件。打开菜单栏中的 Tools 菜单，如图5-21所示。

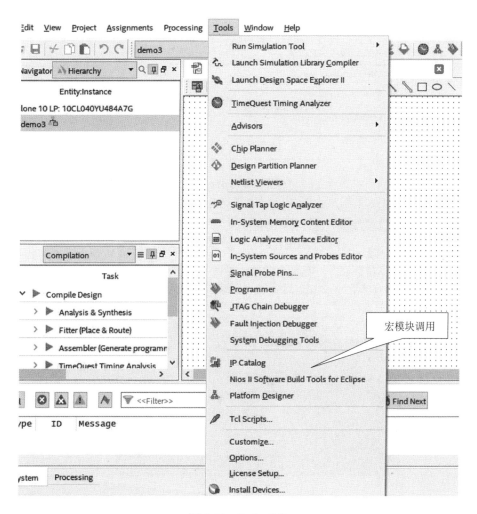

图 5-21　Tools 菜单

单击 IP Catalog，打开宏模块创建对话框，如图 5-22 所示。

在这个对话框中，列表显示的是创建宏模块的种类，选择 Basic Functions→Arithmetic→LPM_COUNTER，创建一个计数器。双击 LPM_COUNTER 后，弹出如图 5-23 所示的对话框，设置输出文件的存储路径并命名后，单击 OK，进入下一个对话框，如图 5-24 所示。

图 5-22　宏模块创建对话框

图 5-23　设置输出文件的存储路径并命名

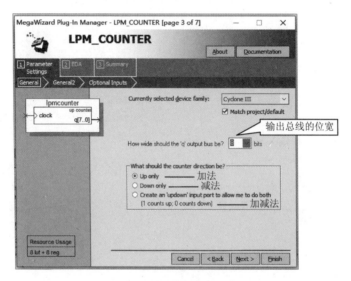

图 5-24　设置 8 位加法计数器

根据所要设计的目标计数器要求，设置输出位宽，选择计数的方式（加法、减法或加减法）。单击 Next 按钮，进入下一个对话框，如图 5-25 所示。

图 5-25　设置计数模值和控制信号

在这个对话框中，可以设置计数器的模式和一些附加的控制信号。如果选中 Plain binary，输出位宽为 8，即为一个 8 位二进制加法计数器，也就是 256 进制的计数器。如果需要其他模值的计数器，就选第 2 项，并在文本框中输入计数器的模值，例如输入 200，即可生成 200 进制计数器。

下面根据需要勾选控制信号，这里选择计数使能端和进位输出端，也可以都不勾选。单击 Next 按钮，进入下一个对话框，如图 5-26 所示。

这一页选择同步控制端和异步控制端，这里勾选同步置数和异步清零。接下来的几个对话框选默认设置即可，单击 Finish 按钮完成。

图 5-26　选择同步控制端和异步控制端

调用这个宏模块，并放置在窗口合适的位置，加上输入/输出端口，连接好导线，利用 LPM 设计的计数器原理图如图 5-27 所示。

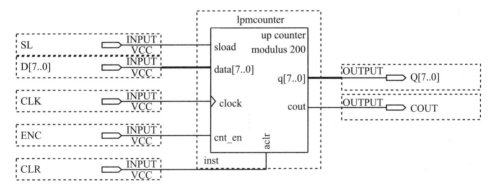

图 5-27　利用 LPM 设计的计数器原理图

2. 锁相环（PLL）

时钟是 FPGA 运行的动力之源，时钟的稳定性直接影响系统的稳定性。在 FPGA 的系统中，时钟一般由外部晶体振荡电路实现。不论是有源晶振还是无源晶振，在稳定性上多多少少有些问题，因此需要在 FPGA 内部做一些处理，例如使用锁相环（PLL）。

FPGA 中的 PLL 模块对时钟信号不仅有反馈调整的功能，还可以分频、倍频。当系统需要多种时钟信号时，可以通过 PLL 分频或者倍频同时输出多路精准的时钟信号。

PLL 宏模块的具体设置步骤如下。

首先，创建一个新的工程，命名为 LPMPLL，并放在一个新的文件夹里。其次，单击 New→Block Diagram/Schematic File，新建一个原理图文件。打开菜单栏中的 Tools 菜单，单击 IP Catalog，打开宏模块创建对话框。在打开的对话框中，列表显示的是创建宏模块的种类，选择 Basic Functions→Clocks；PLLs and Resets→PLL→ALTPLL，如图 5-28a 所示。设置输出文件的存储路径和名称，然后单击 OK，如图 5-28b所示。

　　a）宏模块创建对话框　　　　　　　　　　b）设置输出文件的存储路径和名称

图 5-28　PLL 宏模块的创建

　　打开的对话框如图 5-29 所示，按照实际情况设置输入的时钟频率，例如 50MHz，其余选择默认设置，单击 Next 按钮。

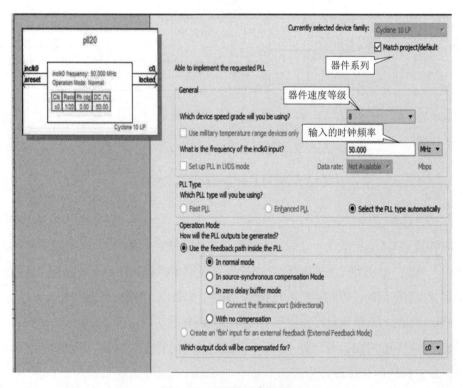

图 5-29　PLL 通用参数设置

　　按图 5-30 所示设置输入信号和锁定信号，接下来的几个对话框都采用系统默认设置。进入输出时钟设置对话框后，根据需要设置输出频率、相位、占空比等，如

图 5-31 所示。

设置好输出时钟 c0 后，如果还需要其他时钟，还可以继续设置 c1，如图 5-32 所示，勾选 Use this clock。一共有 5 个可选的时钟（c0、c1、c2、c3 和 c4），可根据需要选用和设置。若不需要其他时钟，可以单击 Next 按钮略过此步，直至单击 Finish 按钮结束设置。图 5-33 是锁相环模块的原理图。

图 5-30　设置输入信号和锁定信号

图 5-31　输出时钟设置对话框

图 5-32　继续设置 c1

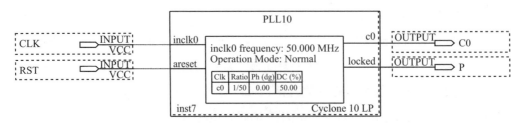

图 5-33　锁相环模块的原理图

锁相环的分频系数和倍频系数都是有限的，具体范围与器件有关。如果分频不能满足需要，可以级联计数器来提高分频系数。例如，先用锁相环实现 50 分频，再级联一个 1k 的计数器，即可实现 50k 分频。

5.3.4　实验内容

1）基于 LPM_COUNTER，设计十二进制的加法计数器，要求有异步清零端和同步置数端。使用 Quartus II 创建工程、编辑电路图、编译，编辑波形文件并仿真，记录波形并说明仿真结果，最后在 FPGA 上进行硬件测试。

2）基于 LPM_COUNTER，设计 288 进制的加法计数器，要求有异步清零端和同步置数端。使用 Quartus II 创建工程、编辑电路图、编译，编辑波形文件并仿真，记录波形并说明仿真结果，最后在 FPGA 上进行硬件测试。

3）基于 LPM_COUNTER，设计 16 位可逆可预置型计数器。使用 Quartus II 创建工程、进行时序仿真，并在实验系统上进行硬件验证。

4）基于 LPM_COUNTER，设计分频器，要求输出 100 分频信号。使用 Quartus II 创建工程、编辑电路图、编译，编辑波形文件并仿真，记录波形并说明仿真结果，最后在 FPGA 上进行硬件测试。

5）基于 ALTPLL 和 LPM_COUNTER 宏模块，设计分频器。将开发板上的 50MHz 或者 20MHz 的时钟信号分频为 2Hz，作为本节实验内容 1）所设计的十二进制计数器的时钟信号。使用 Quartus II 创建工程、编辑电路图、编译，进行引脚分配，并编程下载到 FPGA 上进行硬件测试，观察计数器的计数输出及变化频率。

6）基于 LPM_COUNTER，设计十进制的加法计数器，要求有同步清零端和同步置数端。使用 Quartus II 创建工程、编辑电路图、编译，编辑波形文件并仿真，记录波形并说明仿真结果，最后在 FPGA 上进行硬件测试。

7）基于 LPM_COUNTER，设计 256 进制的加法计数器，要求有异步清零端和异步置数端。使用 Quartus II 创建工程、编辑电路图、编译，编辑波形文件并仿真，记录波形并说明仿真结果，最后在 FPGA 上进行硬件测试。

8）基于 LPM_COUNTER，设计 8 位可逆可预置型计数器。使用 Quartus II 创建工程、进行时序仿真，并在实验系统上进行硬件验证。

9）基于 LPM_COUNTER，设计分频器，输出 64 分频信号。使用 Quartus II 创建工程、编辑电路图、编译，编辑波形文件并仿真，记录波形并说明仿真结果，最后在 FPGA 上进行硬件测试。

10）基于 ALTPLL 和 LPM_COUNTER 宏模块，设计分频器。将开发板上的 50MHz 或者 20MHz 的时钟信号分频为 1Hz，作为实验内容 6）所设计的十进制计数器的时钟信号。使用 Quartus II 创建工程、编辑电路图、编译，进行引脚分配，并编程下载到 FPGA 上进行硬件测试，观察计数器的计数输出及变化频率。

5.3.5　思考题

1. 如果不使用 IP Catalog 工具，那么如何在自己的设计中调用 LPM 模块？以 LPM_COUNTER 为例，写出调用该模块的程序，其中参数自定。
2. 总线如何绘制？如何赋值？
3. PLL 是什么？有什么特点？
4. 在上面第 2 题中，如果要求分频输出信号的占空比是 50%，那么应如何实现？

5.4　按键消抖电路设计

5.4.1　实验目的

1）熟悉按键消抖电路的使用。
2）掌握译码显示原理和数码管的驱动方法。
3）掌握按键消抖电路的设计方法。

5.4.2　实验仪器与器件

实验所需仪器及器件见表 5-5。

表 5-5　实验所需仪器及器件

序号	仪器或器件名称	型号或规格	数量
1	逻辑实验箱		
2	PC		
3	Quartus II 软件		
4	FPGA/CPLD 开发板		
5	USB-Blaster 下载器		

5.4.3 实验原理

通常，电子电路中所用到的开关都是机械装置，在通断的时候都会产生机械抖动，如图 5-34 所示，所以在使用按键的时候，经常需要设计按键消抖电路，尤其是用按键对时序电路加激励信号的时候。这里介绍一种按键消抖电路的设计。

例如，用按键步进地调节 2 位十进制计数器变化，电路的模块框图如图 5-35 所示，顶层实体中包含 3 个模块。

图 5-34 机械抖动   图 5-35 模块框图

1. 计数器模块

74LS390（元器件库中为 74390）是双十进制计数器，其逻辑符号和功能表如图 5-36 所示。这里使用 74LS390 连接成两个独立的十进制计数器，模块命名为 CNT2D，电路图如图 5-37 所示。当分别把 $1Q_A$ 和 $1CLK_B$、$2Q_A$ 和 $2CLK_B$ 相连接后，就实现了两个十进制计数器，$1Q_D$、$1Q_C$、$1Q_B$、$1Q_A$ 和 $2Q_D$、$2Q_C$、$2Q_B$、$2Q_A$ 的输出状态均从 0 到 9 递增变化。

图 5-36 74LS390 逻辑符号和功能表

图5-37 使用74LS390连接成两个独立的十进制计数器的电路图

时钟信号 CLK 通过与门进入 74LS390 计数器的 1CLK$_A$ 端，与门的另一端由计数器使能信号 ENB 控制：当 ENB = 1 时，允许计数；当 ENB = 0 时，禁止计数。内部计数器 1 的输出通过一个 4 输入与门和两个反相器构成进位信号 COUT1，即当计数到 9（1001）时，输出进位信号 COUT1 = 1。此进位信号进入内部计数器 2 的时钟输入端 2CLK$_A$，将两个十进制计数器级联起来，可构成 100 进制计数器。总的进位信号 COUT 由一个 6 输入与门和两个反相器产生。CLR 是计数器的清零信号，高电平有效。

图 5-38 是 2 位十进制计数器电路的仿真波形。由波形可以看出，这是一个 100 进制的计数器，低位进位信号 COUT1 逢 9 产生进位脉冲。在计数到 99 时，总的进位信号 COUT 输出一个周期的高电平。

图 5-38　2 位十进制计数器电路的仿真波形

2. 消抖模块

消抖模块命名为 DEBOUNCE，电路原理图如图 5-39 所示，由 4 个 D 触发器和 1 个 4 输入与门构成。电路工作时钟为 CLK，4 个 D 触发器连接成同步时序方式，即将它们的时钟端都连在一起。输入信号以移位串行的方式向前传递，其信号输入端口是 KEY_IN，输出端口是 KEY_OUT。

分析此电路可以发现，其"滤波"功能的关键如下：当信号串入电路后，能在 KEY_OUT 端口输出脉冲信号的条件是，4 个 D 触发器的输出 Q 同时为 1，此与门才输出高电平。由于干扰抖动信号是一群宽度狭窄的随机信号，因此在串入时，很难十分整齐地同时使与门输出为 1，而只有正常信号才有足够的宽度通过此电路，从而起到了"滤波"的作用。

图5-39 消抖模块电路原理图

图 5-40 是消抖模块电路的仿真波形，波形显示，输出信号十分干净，已滤除了所有干扰脉冲信号。KEY_IN 是模拟按键通断时的抖动信号波形，需要自行编辑。

图 5-40 消抖模块电路的仿真波形

3. 译码显示模块

为了使计数结果的变化更直观地显示出来，可以使用七段数码管。常见的七段数码管由 7 个发光二极管构成，根据公共端的连接方式，可以分为共阴极数码管和共阳极数码管，七段数码管及其电路结构如图 5-41 所示。

a) 七段数码管

b) 共阴极数码管

c) 共阳极数码管

图 5-41 七段数码管及其电路结构

为了驱动数码管，还需要设计一个译码显示电路，将 4 位二进制数译成数码管需要的显示译码信号。

译码显示电路既可以使用 74 系列的 74LS47 或 74LS48 宏模块，也可以使用广义译码器实现。对于共阴极数码管，基于广义译码器的实现代码如下：

```
module DCD7SG (A,LED);
    input[3:0] A;
    output[6:0] LED;
    reg[6:0] LED;
    always @ (A)
        case (A)
            4'B0000 : LED <= 7'B0111111;
            4'B0001 : LED <= 7'B0000110;
            4'B0010 : LED <= 7'B1011011;
            4'B0011 : LED <= 7'B1001111;
            4'B0100 : LED <= 7'B1100110;
            4'B0101 : LED <= 7'B1101101;
            4'B0110 : LED <= 7'B1111101;
            4'B0111 : LED <= 7'B0000111;
            4'B1000 : LED <= 7'B1111111;
```

```
            4'B1001 : LED <= 7'B1101111;
            4'B1010 : LED <= 7'B1110111;
            4'B1011 : LED <= 7'B1111100;
            4'B1100 : LED <= 7'B0111001;
            4'B1101 : LED <= 7'B1011110;
            4'B1110 : LED <= 7'B1111001;
            4'B1111 : LED <= 7'B1110001;
            default : LED <= 7'B1110001;
        endcase
endmodule
```

写好代码，生成 DCD7SG 模块。

4. 顶层实体

新建原理图文件，调用计数器模块 CNT2D、消抖模块 DEBOUNCE 和译码显示模块 DCD7SG，按照图 5-42 所示连接电路。消抖模块实现去抖动功能，计数器模块是一个 2 位十进制计数器，计数器的时钟端与去抖动电路相接，译码显示模块用来将计数器的输出计数状态译成数码管显示需要的代码。

如果 CLK 信号直接来自 FPGA 的系统时钟，那么由于这个时钟信号频率较高，周期很短，与产生的抖动时间差别不大时，消抖效果会大打折扣，因此需要加分频电路来改善消抖的效果，分频电路如图 5-43 所示。

电路设计完成后，编译无误，即可进行引脚配置，之后编程下载到 FPGA 上进行硬件测试。硬件测试时，每按一次按键，就可以观察到计数器显示值的变化。每按一次按键，如果计数器计数值只加 1，就表明消抖电路效果良好；如果计数值大于 1，就表明键的抖动尚未消除。

5.4.4　实验内容

1）用 74LS160 设计一个 2 位十进制加法计数器，用机械按键进行控制，每按一次按钮进行加 1 计算。对设计进行时序仿真，根据仿真波形分析说明各模块的电路特性，编程下载于 FPGA 中，在实验系统上进行硬件测试。

2）用双十进制计数器 74LS390 设计一个 2 位十进制可逆计数器，用机械按键进行控制，每按一次按键进行加 1 或减 1 计算。对设计进行时序仿真，根据仿真波形分析说明各模块的电路特性，编程下载于 FPGA 中，在实验系统上进行硬件测试。

3）设计一个 4×4 位查表式乘法器，用 4×4 矩阵键盘进行控制。对设计进行时序仿真，根据仿真波形分析说明各模块的电路特性，编程下载于 FPGA 中，在实验系统上进行硬件测试。

图5-42 顶层实体电路原理图

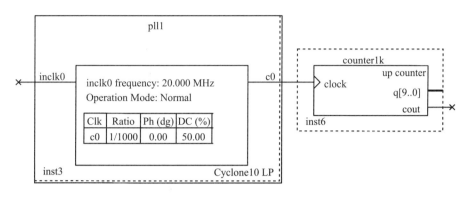

图 5-43 分频电路

4）设计手动按键控制 8 个流水灯的电路。按键使 8 个 LED 从左到右依次点亮，每按一次按键，点亮的 LED 右移一个位置。对设计进行时序仿真，根据仿真波形分析说明各模块的电路特性，编程下载于 FPGA 中，在实验系统上进行硬件测试。

5）设计手动按键控制计数器步进变化的电路，计数器的输出状态显示在七段数码管上。对设计进行时序仿真，根据仿真波形分析说明各模块的电路特性，编程下载于 FPGA 中，在实验系统上进行硬件测试。

6）设计乒乓球游戏电路，用按键控制发球和击球，用 8 个发光二极管模拟球的运动轨迹，用数码管显示得分。对设计进行时序仿真，根据仿真波形分析说明各模块的电路特性，编程下载于 FPGA 中，在实验系统上进行硬件测试。

7）设计一个简易键盘。用 8 个按键分别对应 1～8 这 8 个数字，当其中一个按键按下时，数码管显示对应的数字，直到新的按键按下；当多个按键同时按下时，只响应最先按下的按键。对设计进行时序仿真，根据仿真波形分析说明各模块的电路特性，编程下载于 FPGA 中，在实验系统上进行硬件测试。

8）设计一个密码锁，锁上有 3 个按键 A、B、C，当 A 或 B 单独按下，或者 A、B 同时按下，或者 3 个键同时按下时，锁能被打开。当不符合上述条件时，蜂鸣器发声报警（但无键按下时，不报警）。用 LED 显示锁被打开。对设计进行时序仿真，根据仿真波形分析说明各模块的电路特性，编程下载于 FPGA 中，在实验系统上进行硬件测试。

9）设计一个单按键调光电路，每按一次按键亮度增加一级。用 8 个 LED 模拟调光亮度等级，即每按一次按键，LED 从左到右依次点亮，直到 8 个全亮，最后再按一次则全灭。对设计进行时序仿真，根据仿真波形分析说明各模块的电路特性，编程下载于 FPGA 中，在实验系统上进行硬件测试。

10）设计一个病房呼叫系统。用 1~5 这 5 个按键模拟 5 间病房的呼叫按钮，1 号优先级最高，1~5 优先级依次降低。用数码管显示呼叫病房的病房号，没有病房呼叫时，显示 0；有多个病房呼叫时，显示优先级最高的病房号。对设计进行时序仿真，根据仿真波形分析说明各模块的电路特性，编程下载于 FPGA 中，在实验系统上进行硬件测试。

5.4.5 思考题

1. 实现按键消抖的方法有几种？分别进行简述。

2. 简述消抖效果与时钟频率的关系，并通过实验验证之。

3. 从 20MHz 分频得到 1Hz 信号的方法有几种？举例说明。

4. 通常情况下，直接调用的 LPM_RAM 的输入数据口与输出数据口是分开的，如果希望获得一个含 8 位双向数据口的 LPM_RAM，那么应该如何改进？

5.5 存储器应用电路设计

5.5.1 实验目的

1）掌握 LPM_ROM 参数设置和使用的方法。

2）学习将数据以 mif 格式文件加载于 LPM_ROM 中的方法。

3）掌握 LPM_RAM 参数设置和使用的方法。

5.5.2 实验仪器与器件

实验所需仪器及器件见表5-6。

表 5-6 实验所需仪器及器件

序号	仪器或器件名称	型号或规格	数量
1	逻辑实验箱		
2	PC		
3	Quartus II 软件		
4	FPGA/CPLD 开发板		
5	USB-Blaster 下载器		

5.5.3　实验原理

1. 基于 LPM_ROM 的 4 位乘法器

单击 New→Block Diagram/Schematic File，新建一个原理图文件。打开菜单栏中的 Tools 菜单，如图 5-44 所示。

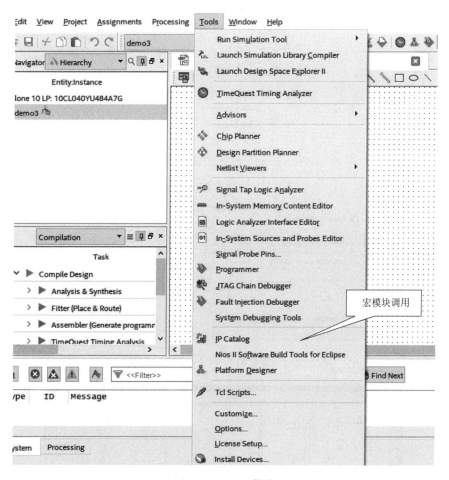

图 5-44　Tools 菜单

单击 IP Catalog，打开宏模块创建对话框，如图 5-45 所示。选择 Basic Functions→On Chip Memory→ROM：1 – PORT，双击进入，弹出如图 5-46 所示的对话框，选择 Verilog，并设置输出文件的存储路径和名称——MULT4B。

单击 OK 按钮，进入下一个对话框，模块参数设置如图 5-47 所示。选择 ROM 的输出数据为 8bit；存储的字数为 256，表明有 8 位地址线。在最下方选择双时钟。

图 5-45　宏模块创建对话框

图 5-46　设置输出文件的存储路径和名称

图 5-47　模块参数设置

然后，单击 Next 按钮，在出现的对话框中取消输出端口锁存时钟——'q'output port，如图 5-48 所示，即地址输入仅由时钟 inclock 的上升沿锁入，数据位宽也为 8。

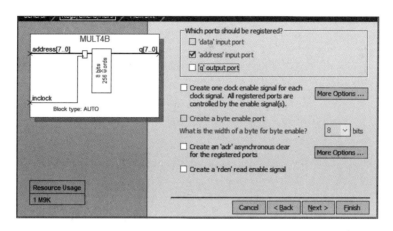

图 5-48　取消输出端口锁存时钟

单击 Next 按钮，进入如图 5-49 所示的对话框，为 ROM 配置乘法表数据文件。单击 Browse，选择预先编辑存放好的 ROM 配置文件——MULT_DATA. mif。选中"Allow In-System Memory..."复选框，并在 The 'Instance ID' of this ROM is 文本框中输入 ROM1，作为此 ROM 的 ID 名称。该设置允许 Quartus II 通过 JTAG 接口对下载到 FPGA 中的 ROM 进行"在系统"测试和读写。

图 5-49　配置乘法表数据文件

将设置好的 LPM_ROM 模块 MULT4B 调入当前工程的原理图编辑窗口中并添加输入/输出，基于 LPM_ROM 的 4 位乘法器电路如图 5-50 所示。

图5-50 基于LPM_ROM的4位乘法器电路

图 5-51 是基于 LPM_ROM 的 4 位乘法器时序仿真波形，可以看出，在 CLK 的上升沿，将 4 位乘数和被乘数的数据当成地址数据锁入 ROM，而"运算"的结果以 ROM 数据端输出数据的方式输出。

图 5-51 基于 LPM_ROM 的 4 位乘法器时序仿真波形

2. mif 格式文件的生成

mif 指存储器初始化文件，即 memory initialization file，用来配置 RAM 或 ROM 中的数据。

利用 Quartus Ⅱ 自带的编辑器生成 mif。打开 Quartus Ⅱ 软件，新建一个 memory initialization file，弹出设置对话框，如图 5-52 所示。

图 5-52 mif 设置对话框

在设置对话框中，Number of words 为可寻址的存储单元数，对于 8bit 地址线，此处键入 256；Word size 为存储单元宽度，此处键入 8。单击 OK 按钮，进入如图 5-53 所示的初始化数据表格。

Addr	+0	+1	+2	+3	+4	+5	+6	+7
0	00	00	00	00	00	00	00	00
8	00	00	00	01	02	03	04	05
16	06	07	08	09	00	02	04	06
24	08	10	12	14	16	18	00	03
32	06	09	12	15	18	21	24	27
40	00	04	08	12	16	20	24	28

图 5-53 初始化数据表格

在表格中输入初始化数据。右击左侧地址值，可以修改地址和数据的显示格式，表中任一数据的地址 = 列值 + 行值。在每个单元填写初始值之后，将文件保存。

利用 mif 编辑软件等方式生成 mif。4 位乘法器 mif 的结构如图 5-54 所示。其中，WIDTH = 8 表示数据宽度是 8 位；DEPTH = 256 表示 ROM 的深度，即 8 位数据字的个数是 256 个；HEX 表示十六进制。在 "CONTENT BEGIN" 之后写数据，数据完成后要以 "END；" 结束。

```
WIDTH = 8;
DEPTH = 256;
ADDRESS_RADIX = HEX;
DATA_RADIX = HEX;
CONTENT
        BEGIN
00 : 00;
01 : 00;
 ......
98 : 72;
99 : 81;
END ;
```

图 5-54　4 位乘法器 mif 的结构

地址/数据表达方式中，冒号左边为 ROM 地址值，冒号右边为数据，例如 98：72 表示 98 为地址，72 为该地址中的数据。地址高 4 位和低 4 位可以分别看成乘数和被乘数，输出的数据可以看成它们的乘积，即 $9 \times 8 = 72$。

3. LPM_RAM 参数设置和使用的方法

单击 New→Block Diagram/Schematic File，新建一个原理图文件。按照调用 LPM_ROM 的方法调入 LPM_RAM，选择 Basic Functions → On Chip Memory → RAM：1-PORT，双击进入，并选择 Verilog，设置输出文件的存储路径和名称，如 DATA。

单击 OK 按钮，进入如图 5-55 所示的模块参数设置对话框。选择数据输出总线为 8bit，存储字节数为 1024，时钟方式为分开的双时钟形式。在下一个对话框中，如图 5-56 所示，取消输出端口锁存时钟——'q'output port，再增加一个时钟使能控制端——inclocken。

图 5-55　模块参数设置对话框

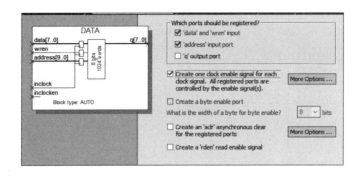

图 5-56　增加时钟使能控制端

单击 Next 按钮，进入如图 5-57 所示的 LPM_RAM 模块参数设置对话框。在上方有两个选项，若选择"No，leave it blank"，则表示对 RAM 中的内容不做安排，仅在实际使用中由电路决定；若选择"Yes..."，则表示在初始化中预先放入一个数据文件（这有点像 ROM 的功能），以便系统在启动后可以直接使用。

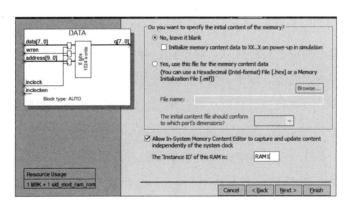

图 5-57　LPM_RAM 模块参数设置对话框

对于"Allow In-System Memory..."复选框，可按上例的说明勾选，并在 The 'Instance ID' of this RAM is 文本框中输入 RAM1。最后，将此 DATA 模块调入当前工程的原理图编辑窗口，基于 LPM_RAM 模块的电路图如图 5-58 所示。

5.5.4　实验内容

1）调用 LPM_ROM 模块，设计一个 4×4 位查表式乘法器。对设计进行时序仿真，根据仿真波形分析说明各模块的电路特性，编程下载于 FPGA 中，在实验系统上进行硬件测试。

2）设计一个 4×4 位查表式乘法器，增加 LCD1602 模块，要求电路乘积结果显

图 5-58　基于 LPM_RAM 模块的电路图

示在 LCD1602 上。对设计进行时序仿真，根据仿真波形分析说明各模块的电路特性，编程下载于 FPGA 中，在实验系统上进行硬件测试。

3）设计一个 4×4 位查表式乘法器，增加串行静态显示模块，使电路乘积结果能在串行静态显示模块上实时显示。对设计进行时序仿真，根据仿真波形分析说明各模块的电路特性，编程下载于 FPGA 中，在实验系统上进行硬件测试。

4）设计一个 4×4 位查表式乘法器，增加 VGA 显示模块，使电路乘积结果能在 VGA 显示模块上实时显示。对设计进行时序仿真，根据仿真波形分析说明各模块的电路特性，编程下载于 FPGA 中，在实验系统上进行硬件测试。

5）调用 LPM_ROM 模块，设计一个 8×8 位查表式乘法器。对设计进行时序仿真，根据仿真波形分析说明各模块的电路特性，编程下载于 FPGA 中，在实验系统上进行硬件测试。

6）设计一个 8×8 位查表式乘法器，增加 LCD1602 模块，要求电路乘积结果显示在 LCD1602 上。对设计进行时序仿真，根据仿真波形分析说明各模块的电路特性，编程下载于 FPGA 中，在实验系统上进行硬件测试。

7）设计一个 8×8 位查表式乘法器，增加串行静态显示模块，使电路乘积结果能在串行静态显示模块上实时显示。对设计进行时序仿真，根据仿真波形分析说明各模块的电路特性，编程下载于 FPGA 中，在实验系统上进行硬件测试。

8）设计一个 8×8 位查表式乘法器，增加 VGA 显示模块，使电路乘积结果能在 VGA 显示模块上实时显示。对设计进行时序仿真，根据仿真波形分析说明各模块的电路特性，编程下载于 FPGA 中，在实验系统上进行硬件测试。

9）利用 LPM_RAM 模块、LPM_COUNTER 模块、锁存器等，设计一个 8 通道数据采集系统。对设计进行时序仿真，根据仿真波形分析说明各模块的电路特性，编程下载于 FPGA 中，在实验系统上进行硬件测试。

10）利用 LPM_RAM 模块、LPM_COUNTER 模块、锁存器等，设计一个 16 通道数据采集系统。对设计进行时序仿真，根据仿真波形分析说明各模块的电路特性，编程下载于 FPGA 中，在实验系统上进行硬件测试。

5.5.5　思考题

1. ROM 和 RAM 各适用于什么场合？它们分别由哪几个部分组成？各有什么作用？

2. 按存取方式的不同，比较 SRAM、DRAM、ROM 器件的异同点。

3. 试画出将 1024×4 位 RAM 扩展成 4096×4 位 RAM 的接线示意图。

4. 试用 SRAM 6264（$8k \times 8$ 位）静态随机存储器构建一个能存储 $64k \times 8$ 位的存储系统。

第6章

数字系统综合设计实验

6.1 数字频率计设计

6.1.1 工作原理

数字频率计的主要功能是测量周期信号的频率。频率是单位时间内信号发生周期变化的次数。根据频率的定义和频率测量的基本原理，数字频率计必须获得相对稳定的时钟频率信号，并具备用于控制计数器进行计数的测频时序控制器。在允许的1s计数时间结束后，计数值锁入锁存器，并进行清零，为下一个测频计数周期做好准备。

图6-1是数字频率计的测频原理框图，电路包含测频时序控制器、8位二进制计数器、十进制计数器、24位寄存器、分频器、7段数码显示译码器和数码管7个模块。除数码管外，其他6个模块都在FPGA内部。分频器用于产生稳定的时钟频率输入信号，它由FPGA内的锁相环获得。测频时序控制器是频率计测频时序信号发生器。十进制计数器用于对被测信号的脉冲进行计数。24位寄存器用于锁存测频后的数据。

6.1.2 测频时序控制器设计

测频控制时序如图6-2所示。其中，f是被测信号；CLK0是分频器产生的时钟频率信号；EN是计数使能信号，用于产生脉宽为1s的周期信号，并对频率计中的计数器的使能端进行同步控制，其为高电平时进行计数，为低电平时停止计数并保持其所计的脉冲数；在停止计数期间，锁存信号LOAD的上升沿将计数器在前1s的计数值锁存进寄存器中，并由译码显示模块显示计数值；锁存信号后，测频时序控制器的清零信号RST对计数器进行清零。

由上述的时序关系可得，测频时序控制器模块的功能是产生3个控制信号，即计数使能信号EN、锁存信号LOAD和清零信号RST，以便使频率计能分别顺利地完成计数、锁存和清零3个功能。其中，作为周期信号EN的高电平脉宽必须持续1s，以便控制计数器的计数使能端。

图 6-1 数字频率计的测频原理框图

图 6-2 测频控制时序

测频时序控制器的电路如图 6-3 所示，其内部结构电路由 3 部分组成：4 位二进制计数器、4-16 译码器 74LS154（在元器件库中为 74154）和 2 个由双输入与非门构成的 RS 触发器。分析图 6-3 所示的电路结构可知，4 位二进制计数器 74LS93（在元器件库中为 7493）的 Q[3] 引脚为 16 分频输出，当 CLK0 的输入频率为 8Hz 时，输出信号 CNT_EN 的频率为 0.5Hz，脉宽为 1s。

图 6-4 是测频时序控制器的仿真波形，通过时序分析可知，测频时序控制器能产生计数、锁存和清零 3 个控制信号，实现测频时序控制的目的。

图 6-3　测频时序控制器的电路

图 6-4　测频时序控制器的仿真波形

6.1.3　十进制计数器设计

用 2 个同步十进制计数器 74LS160（在元器件库中为 74160）构成一个 2 位十进制计数器。计数使能信号 ENB 和计数时钟信号 CLK 通过与门进入计数器 74LS160 的 CLK 端。计数使能信号 ENB 为高电平时允许计数，为低电平时禁止计数。2 位十进制计数器电路如图 6-5 所示。

图 6-5　2 位十进制计数器电路

利用基于74LS160的2位十进制计数器来构成6位十进制计数器,其电路如图6-6所示。

图6-6　6位十进制计数器电路

图6-7是6位十进制计数器的仿真波形,波形显示,CLR对计数器的清零是低电平有效,ENB对CLK的计数使能是高电平有效。

图6-7　6位十进制计数器的仿真波形

6.1.4　24位寄存器设计

用3个D触发器74LS374(在元器件库中为74374)构成24位寄存器,如图6-8所示。电路包括24位数据输入引脚D[23..0]、24位数据输出引脚Q[23..0]和锁存控制信号LOCK。

图6-8　24位寄存器

图 6-9 是 24 位寄存器的仿真波形，波形显示，锁存控制信号 LOCK 是高电平有效。

图 6-9　24 位寄存器的仿真波形

6.1.5　分频器设计

由测频时序控制器的设计原理可知，控制计数器进行计数的使能信号 EN 的脉宽为 1s，CLK0 的输入频率为 8Hz。此频率可通过 FPGA 内的锁相环和计数器获得，分频器电路如图 6-10 所示。外部时钟 CLK 的频率为 20MHz，通过锁相环输出的时钟频率为 2kHz，通过 8 位二进制计数器的 q[7] 引脚输出 8Hz 信号，并作为测频时序控制器的时钟频率信号。

图 6-10　分频器电路

6.1.6　时序仿真测试

在原理图编辑窗口中调用已经设计好的测频时序控制器、十进制计数器和 24 位寄存器 3 个模块，按照图 6-11 完成频率计顶层电路。

图 6-11　频率计顶层电路

对频率计顶层电路进行时序仿真，得到如图 6-12 所示的仿真波形。其中，CLK0 的周期是 800ns，被测信号 FX 前 3 段的周期分别取 100ns、200ns 和 50ns。

图 6-12 频率计的仿真波形

6.1.7 实验内容

1）根据以上设计完成 6 位十进制数字频率计的设计。对设计进行时序仿真，根据仿真波形分析说明各模块的电路特性，编程下载于 FPGA 中，在实验系统上进行硬件测试。

2）设计一个能取代以上设计电路功能的全新测频时序控制电路，并完成 6 位十进制数字频率计的设计。对设计进行时序仿真，根据仿真波形分析说明各模块的电路特性，编程下载于 FPGA 中，在实验系统上进行硬件测试。

3）将上述设计扩展成 8 位十进制数字频率计，测频范围为 1Hz ~100MHz。对设计进行时序仿真，根据仿真波形分析说明各模块的电路特性，编程下载于 FPGA 中，在实验系统上进行硬件测试。

6.2 简易电子琴设计

节拍是衡量节奏的单位，在音乐中，有一定强弱区别的一系列拍子每隔一定时间重复出现，时间被分成均等的基本单位。拍子的时值是以音符的时值来表示的，一拍的时值可以是四分音符（即以四分音符为一拍），也可以是二分音符（即以二分音符为一拍）或八分音符（即以八分音符为一拍）。拍子的时值是一个相对的时间概念，比如当乐曲的规定速度为每分钟 60 拍时，每拍占用的时间是一秒，半拍是二分之一秒；当规定速度为每分钟 120 拍时，每拍的时间是半秒，半拍就是四分之一秒；以此类推。在计算机术语中，一个 CPU 时钟周期也称为节拍。

音乐的十二平均率规定：每两个八度音之间的频率相差一倍。两个八度音之间，又可分为十二个半音，每两个半音的频率比为 $2^{1/12} \approx 1.059$。另外，音名 A（简谱中的低音 6）的频率为 440Hz，音名 B 到 C 之间、E 到 F 之间为半音，其余为全音，由此可以计算出简谱中从低音 1 至高音 1 之间每个音名的频率，如图 6-13 所示。

图 6-13　简谱中从低音 1 至高音 1 之间每个音名的频率

6.2.1　工作原理

简易电子琴电路包含琴键输入、音频输出、数码显示、分频器等模块，其顶层设计电路如图 6-14 所示。

琴键输入模块包括一个编码器和一个译码器，按下琴键时，产生的数据经编码器获得编码，它对应译码器中的一个值。这个值被置入音频输出模块中的 11 位可预置计数器，由于计数器的进位端与预置端和加载端相连，因此计数器将不断地以此值作为计数起始值，直至全 1。

以下以预置值 390H 为例，计算音频输出模块的频率值。

当以 390H 为计数起始值后，此计数器成为一个模为 7FFH – 390H = 46FH = 1135 的计数器，即每从时钟端输入 1135 个脉冲，音频输出模块输出一个进位脉冲。由于输入的时钟频率是 1MHz，因此音频输出模块的输出信号频率是 1MHz/1135≈881Hz。

由图 6-14 可见，音频输出模块的输出信号经过一个由 D 触发器接成的 T′ 触发器后才输出给蜂鸣器。这时，信号进行了二分频，于是预置值 390H 对应的蜂鸣器发音的基频 F_B 约等于 440Hz。

图 6-14 中的 T′ 触发器有两个功能：一个是作为二分频器，另一个是作为占空比均衡电路。因为由音频输出模块输出的信号的脉宽极窄且功率极低，所以无法驱动蜂鸣器，但信号通过 T′ 触发器后，脉宽就均匀了（F_B 的占空比为 50%）。

6.2.2　琴键输入设计

琴键输入模块中的编码器对输入的 8 位琴键信号进行编码，输出一个 4 位码，最多能对应 16 个音符。编码器真值表的 case 语句描述如图 6-15 所示。图 6-16 是编码器电路的仿真波形。

图6-14 电子琴顶层设计电路

```
module CODE3 (DIN,KEY);
  input[7:0] DIN;
  output[3:0] KEY;
  reg[3:0] KEY;
  always @(DIN)
      case (DIN)
          8'b11111110 : KEY<=4'b0001;
          8'b11111101 : KEY<=4'b0010;
          8'b11111011 : KEY<=4'b0011;
          8'b11110111 : KEY<=4'b0100;
          8'b11101111 : KEY<=4'b0101;
          8'b11011111 : KEY<=4'b0110;
          8'b10111111 : KEY<=4'b0111;
          8'b01111111 : KEY<=4'b1000;
          8'b00111111 : KEY<=4'b1001;
          8'b11111111 : KEY<=4'b0000;
               default : KEY<=4'b0001;
       endcase
endmodule
```

图 6-15　编码器真值表的 case 语句描述

图 6-16　编码器电路的仿真波形

琴键输入模块中的译码器将键盘输入的编码信号译码成数控分频器音频输出模块输出信号的频率控制字。译码器真值表的 case 语句描述如图 6-17 所示。图 6-18 是译码器电路的仿真波形。

```
module INX2CODE (INX,F_CODE);
  input[3:0] INX;
  output[10:0] F_CODE;
  reg[10:0] F_CODE;
  always @(INX)
      case (INX)
          0  : F_CODE<=11'H7FF;
          1  : F_CODE<=11'H305;
          2  : F_CODE<=11'H390;
          3  : F_CODE<=11'H40C;
          4  : F_CODE<=11'H45C;
          5  : F_CODE<=11'H4AD;
          6  : F_CODE<=11'H50A;
          7  : F_CODE<=11'H55C;
          8  : F_CODE<=11'H582;
          9  : F_CODE<=11'H5C8;
          10 : F_CODE<=11'H606;
          11 : F_CODE<=11'H640;
          12 : F_CODE<=11'H656;
          13 : F_CODE<=11'H684;
          14 : F_CODE<=11'H69A;
          15 : F_CODE<=11'H6C0;
              default : F_CODE<=11'H6C0;
       endcase
endmodule
```

图 6-17　译码器真值表的 case 语句描述

图6-18 译码器电路的仿真波形

6.2.3 音频输出设计

音频输出模块的内部结构如图6-19所示,其中的计数器CNT11B是一个LPM宏模块,这是一个11位二进制加法计数器。在设置其结构参数时,应该选择同步加载(Synchronous Load)控制,即sload,这样能较好地避免来自进位信号cout中可能的毛刺影响。图6-19中的D触发器和反相器的功能是将用于控制加载的进位信号延迟半个时钟周期,这既滤除了可能的毛刺,以免加载发生误操作,同时也使加载更可靠,因为这时时钟上升沿正好处于加载脉冲的中点。

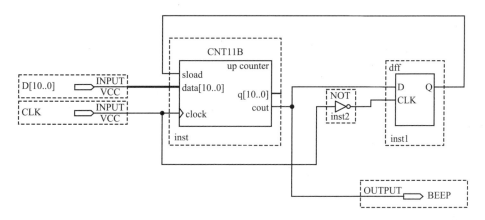

图6-19 音频输出模块的内部结构

6.2.4 数码显示设计

数码显示模块包括译码模块M_CODE和译码模块DCD7SG,前者将来自琴键输入模块的键盘编码译成简谱码和对应的音调高低值H,后者是一个7段数码显示译码器,将简谱码译成数码管的显示信号。M_CODE和DCD7SG模块的case语句描述分别如图6-20和图6-21所示。图6-22和图6-23分别是M_CODE模块和DCD7SG模块电路的仿真波形。

```
module M_CODE (INX,CODE,H);
  input[3:0] INX;
  output[3:0] CODE;
  output H;
  reg[3:0] CODE;
  reg H;
  always @(INX)
    case (INX)
      0  : {CODE,H}<={4'B0000,1'B0};
      1  : {CODE,H}<={4'B0001,1'B0};
      2  : {CODE,H}<={4'B0010,1'B0};
      3  : {CODE,H}<={4'B0011,1'B0};
      4  : {CODE,H}<={4'B0100,1'B0};
      5  : {CODE,H}<={4'B0101,1'B0};
      6  : {CODE,H}<={4'B0110,1'B0};
      7  : {CODE,H}<={4'B0111,1'B0};
      8  : {CODE,H}<={4'B0001,1'B1};
      9  : {CODE,H}<={4'B0010,1'B1};
      10 : {CODE,H}<={4'B0011,1'B1};
      11 : {CODE,H}<={4'B0100,1'B1};
      12 : {CODE,H}<={4'B0101,1'B1};
      13 : {CODE,H}<={4'B0110,1'B1};
      14 : {CODE,H}<={4'B0111,1'B1};
      15 : {CODE,H}<={4'B0001,1'B1};
          default : {CODE,H}<={4'B0001,1'B1};
    endcase
endmodule
```

图 6-20　M_CODE 模块的 case 语句描述

```
module DCD7SG (A,LED);
  input[3:0] A;
  output[6:0] LED;
  reg[6:0] LED;
  always @(A)
    case (A)
      4'B0000 : LED <= 7'B0111111;
      4'B0001 : LED <= 7'B0000110;
      4'B0010 : LED <= 7'B1011011;
      4'B0011 : LED <= 7'B1001111;
      4'B0100 : LED <= 7'B1100110;
      4'B0101 : LED <= 7'B1101101;
      4'B0110 : LED <= 7'B1111101;
      4'B0111 : LED <= 7'B0000111;
      4'B1000 : LED <= 7'B1111111;
      4'B1001 : LED <= 7'B1101111;
      4'B1010 : LED <= 7'B1110111;
      4'B1011 : LED <= 7'B1111100;
      4'B1100 : LED <= 7'B0111001;
      4'B1101 : LED <= 7'B1011110;
      4'B1110 : LED <= 7'B1111001;
      4'B1111 : LED <= 7'B1110001;
          default : LED <= 7'B1110001;
    endcase
endmodule
```

图 6-21　DCD7SG 模块的 case 语句描述

图 6-22　M_CODE 模块电路的仿真波形

图 6-23　DCD7SG 模块电路的仿真波形

6.2.5　分频器设计

简易电子琴的工作时钟频率为1MHz，用于在主控模块中产生与琴键对应的振荡频率，以驱动蜂鸣器发出相应的声音，此频率通过FPGA内的锁相环获得，分频器电路如图6-24所示。外部时钟CLK的频率为20MHz，通过锁相环输出的时钟频率为1MHz。

6.2.6　实验内容

1）根据以上内容完成电子琴的设计。对设计进行时序仿真，根据仿真波形分析说明各模块的电路特性，编程下载于FPGA中，在实验系统上进行硬件测试。

图6-24 分频器电路

2）用4×4矩阵键盘或带PS2接口的普通计算机键盘作为琴键，查阅相关资料，设计一些辅助电路，完成电子琴的设计，编程下载于FPGA中，在实验系统上进行硬件测试。

3）对上述设计做一些扩充功能，包括乐曲演奏等。

4）为此电子琴模型增加一个VGA显示控制模块，使得在弹奏时，VGA显示器能同时显示琴键的变动、五线谱音符的跳动等。

5）在上述基础上，增加录音功能，对弹奏的音符进行存储和播放。完成设计，编程下载于FPGA中，在实验系统上进行硬件测试。

6.3 数字电压表设计

数字电压表是采用数字化测量技术，把连续的模拟量（直流或交流输入电压）转换成离散的数字形式并加以显示的仪表，它具有精度高、灵敏度高、测量速度快等特点，从而备受青睐。数字电压表系统由A/D转换器、FPGA控制电路和显示电路3部分构成。A/D转换器主要负责将模拟信号转换为数字信号，并送入FPGA控制电路处理；FPGA控制电路用于启动A/D转换器和接收A/D转换器传递过来的数字转换值，并将接收到的转换值调整成对应的数字信号；显示电路将FPGA控制电路输出的BCD码译成相应的7段数码驱动值，使模拟电压值显示在数码管上。工作时，系统按一定的速率采集输入的模拟电压，数字电压表结构框图如图6-25所示。其中，A/D转换器使用ADC0809，被测电压通过电位器进入ADC0809的IN_0端。ADC0809对此电位器输出的电压值进行采样的行为受控于FPGA中的状态机。ADC0809采样变换后的8位数据进入FPGA，但考虑到ADC0809的工作电压是+5V，而FPGA的I/O端口电压是3.3V，所以，ADC0809输入FPGA的8位数据线必须分别串接300Ω左右的限流电阻。状态机的工作时钟来自内部锁相环，频率为

3MHz。状态机的输出信号 LOCK 控制一个 8 位寄存器，以锁存来自 ADC0809 转换好的数据。LPM_ROM 将寄存器中的数据折算为电压值。

图 6-25 数字电压表结构框图

6.3.1 工作原理

图 6-26 是数字电压表 FPGA 控制电路的原理图，电路包含分频器、采样控制状态机和存储器 3 个模块。分频器采用内部锁相环进行设计，为采样控制状态机和 A/D 转换器提供工作时钟；存储器负责将寄存器中的数据折算为电压值。

图 6-26 数字电压表 FPGA 控制电路的原理图

6.3.2 分频器设计

FPGA 中含有高性能的嵌入式模拟锁相环，此锁相环可以与输入的时钟信号同步，并将其作为参考信号实现锁相，从而输出一至多个同步倍频或分频的片内时钟，以供逻辑系统使用。数字电压表的分频器采用 FPGA 内的锁相环，分频器电路如

图 6-27 所示。锁相环的外部输入时钟频率为 20MHz，锁相环输出 2 个时钟信号，为 A/D 转换器和状态机提供工作时钟，其时钟频率分别为 3MHz 和 500kHz。

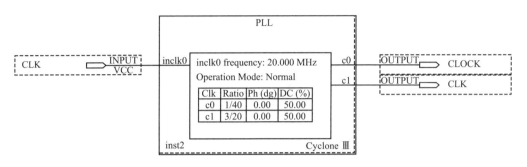

图 6-27　分频器电路

6.3.3　采样控制状态机设计

数字电压表中 A/D 转换器模块选用 ADC0809 芯片，ADC0809 的工作时序如图 6-28 所示。根据时序图，ADC0809 完整的采样转换过程可归纳为以下 4 步：

1）当模拟信号送入通道 IN_0（或 IN_i）后，控制电路将标志该通道编码的 ADDC、ADDB、ADDA 地址信号输入地址寄存器，由地址锁存 ALE 锁存这 3 位地址信号。

2）启动 START 信号产生一个上升脉冲，以启动 A/D 转换。

3）在转换开始后，以及转换过程中，EOC 变为低电平；转换结束后，EOC 变为高电平。EOC 可作为计算机的中断请求信号或其转换控制状态机状态译码器的输入控制信号，即由 EOC 决定状态机下一状态的转向。

4）转换结束后，控制电路向 ADC0809 的 OE 输出高电平，打开三态缓冲器，把转换好的结果经 $D_7 \sim D_0$ 输出。

图 6-28　ADC0809 的工作时序

至此，一次 A/D 转换便完成了。

ADC0809 采样控制状态图如图 6-29 所示。采样控制状态转换过程如下：

1）在初始态 S_0 对 ADC0809 进行初始化，然后无条件地进入状态 S_1。

2）在状态 S_1 将模拟信号通道地址锁入寄存器，即在此状态使 ALE 产生一个上升沿。这里设（ADDC，ADDB，ADDA）= 000，即选择模拟信号通道是 IN_0。

3）在状态 S_2 启动转换（START = 1），之后进入状态 S_3。

4）在状态 S_3 测试 EOC 是不是 1。如果 EOC 为 1，说明 ADC0809 尚未启动转换，下一状态仍留在 S_3 等待；否则（EOC = 0），说明已经启动转换，下一状态进入 S_4。

5）在状态 S_4 测试 EOC 是不是 0。如果 EOC 为 0，表明尚未转换结束，下一状态仍留在 S_4，继续等待；否则（EOC = 1），转换结束，下一状态进入 S_5。

6）在状态 S_5，A/D 转换好的数据已经进入输出端口，使 OE = 1，打开数据端三态门。

7）在上一状态，输出的数据已有了一个稳定期，而在状态 S_6 仍然使 OE = 1，并产生一个数据锁存信号上升沿（LOCK = 1），将转换好的数据存入寄存器；进入状态 S_7，准备返回初始态 S_0。

图 6-29   ADC0809 采样控制状态图

根据 ADC0809 的接口特性和采样控制状态机的要求，ADC0809 采样控制状态机电路如图 6-30 所示，该电路由状态译码器、控制译码器、状态寄存器和锁存器构成。AD_SDCD 是状态译码器，它根据现态状态码 c[2..0] 和来自 ADC0809 的 A/D 转换结束信号 EOC，决定状态的走向；AD_CDCD 是控制译码器，负责向 ADC0809 输出控制信号 ALE、START、OE 和 LOCK；DFF3 是由 3 个 D 触发器组成的状态寄存器，或者称为状态驱动器，属于纯时序电路。这个状态机的驱动时钟（或称为工作时钟）接在 DFF3 模块的 CLK 端，它决定了状态机的工作速度。

AD_SDCD 和 AD_CDCD 模块的 Verilog HDL 描述分别如图 6-31 和图 6-32 所示。其中，AD_SDCD 的输出数据 n[2..0] 是次态状态码，输入数据 c[2..0] 是现态状态码。AD_CDCD 输出的 LOCK 控制寄存器 74LS374（在元器件库中为 74374）负责锁存 ADC0809 采样获得的数据，它的输入端口 D[7..0] 直接与 ADC0809 的数据端口相接。

图6-30　ADC0809采样控制状态机电路

```verilog
module AD_SDCD (c,n,eoc);
input [2:0] c;
input eoc;
output [2:0] n;
reg [2:0] n;
always @ (c or eoc) begin
case (c)
3'b000 : n<=3'b001;
3'b001 : n<=3'b010;
3'b010 : n<=3'b011;
3'b011 : if(eoc==1'b0) n<=3'b100; else n<=3'b011;
3'b100 : if(eoc==1'b1) n<=3'b101; else n<=3'b100;
3'b101 : n<=3'b110;
3'b110 : n<=3'b111;
3'b111 : n<=3'b000;
default : n<=3'b000;
endcase
end
endmodule
```

图6-31　AD_SDCD模块的Verilog HDL描述

```verilog
module AD_CDCD (c,ale,start,oe,lock);
input [2:0] c;
output ale,start,oe,lock;
reg ale,start,oe,lock;
always @ (c) begin
case (c)
3'b000 : {ale,start,oe,lock}<=4'b0000;
3'b001 : {ale,start,oe,lock}<=4'b1000;
3'b010 : {ale,start,oe,lock}<=4'b1100;
3'b011 : {ale,start,oe,lock}<=4'b1000;
3'b100 : {ale,start,oe,lock}<=4'b0000;
3'b101 : {ale,start,oe,lock}<=4'b0010;
3'b110 : {ale,start,oe,lock}<=4'b0011;
3'b111 : {ale,start,oe,lock}<=4'b0000;
default : {ale,start,oe,lock}<=4'b0000;
endcase
end
endmodule
```

图6-32　AD_CDCD模块的Verilog HDL描述

　　锁存器模块由D触发器74LS374构成，电路如图6-33所示。电路包括8位数据输入端口D[7..0]、8位数据输出端口Q[7..0]和锁存控制信号LOCK。

图 6-33 锁存器电路

图 6-34 是 ADC0809 采样控制状态机的仿真波形，其中 CS 为现态。为了稳定 ADC0809 的输出数据，采样控制状态机直到进入状态 S_6 后，才安排 LOCK 出现一个上升沿，将 ADC0809 数据端口的数据 AC 锁入 74LS374。

图 6-34 ADC0809 采样控制状态机的仿真波形

6.3.4 存储器设计

存储器模块是一个译码器，它将来自采样控制状态机寄存器中的编码信号译码成电压值。为了节省逻辑资源，此处使用 LPM_ROM 来替代该译码器，存储器参数设置如图 6-35 所示。

图 6-35 存储器参数设置

LPM_ROM 的数据宽度选择 8 位，数据深度选择 256 字，对应 8 位地址。mif 格式配置文件的结构如图 6-36 所示。

```
WIDTH=8;
DEPTH=256;
ADDRESS_RADIX=HEX;
DATA_RADIX=HEX;
CONTENT BEGIN
00:00;
 ......
FF:50;
END;
```

图 6-36　mif 格式配置文件的结构

图 6-37 是 LPM_ROM 的仿真波形，由此波形可以清楚地了解寄存器中的编码对应的电压值。

图 6-37　LPM_ROM 的仿真波形

6.3.5　实验内容

1）完成简易数字电压表设计，显示分辨率为 0.1V，采用并行输出 ADC。对设计进行时序仿真，根据仿真波形分析说明各模块的电路特性，编程下载于 FPGA 中，在实验系统上进行硬件测试。

2）显示部分采用 LCD1602 显示模块，重新完成数字电压表的设计，测量电压范围为 0～5V，精度为 1/256。对设计进行时序仿真，根据仿真波形分析说明各模块的电路特性，编程下载于 FPGA 中，在实验系统上进行硬件测试。

3）显示模块采用液晶显示模块，重新完成数字电压表的设计，测量电压范围为 0～5V，精度为 1/256。对设计进行时序仿真，根据仿真波形分析说明各模块的电路特性，编程下载于 FPGA 中，在实验系统上进行硬件测试。

6.4　DDS 信号发生器设计

DDS（Direct Digital Synthesizer，直接数字合成器）是近年来发展起来的一种新型的频率合成技术，具有较高的频率分辨率，可以实现快速的频率切换，并且在改变时能够保持相位的连续，很容易实现频率、相位和幅度的数控调制。DDS 能够与计算机技术紧密结合在一起，这克服了模拟频率合成和锁相频率合成等传统频率合成技术电路复杂、设备体积较大、成本较高的不足，因此它是一种很有发展前途的频率合成技术。DDS 作为一种信号产生装置越来越受到人们的重视，它可以根据用户的要求产生相应的波形，具有重复性好、实时性强等优点，已经逐步取代了传统的函数发生器。

6.4.1 工作原理

传统正弦信号发生器的结构如图 6-38 所示，该结构利用 ROM 和 DAC，再加上地址发生器和寄存器即可。在 ROM 中，每个地址对应单元中的内容（数据）都对应于正弦波的离散采样值，ROM 中必须包含完整的正弦波采样值，而且还要注意避免在按地址读取 ROM 内容时可能引起的不连续点，避免量化噪声集中于基频的谐波上。

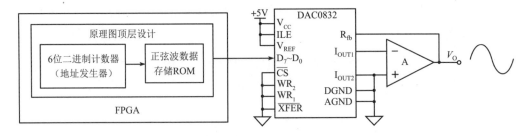

图 6-38 传统正弦信号发生器的结构

当时钟频率 f_{clk} 输入地址发生器且地址发生器所选中的 ROM 地址对应的内容被锁入寄存器时，寄存器的输出经 D/A 转换器恢复成连续信号，即由各个台阶重构的正弦波。若相位精度 n 比较大，则重构的正弦波经适当平滑（通过滤波）后的失真比较小。当 f_{clk} 发生改变时，D/A 转换器输出正弦波的频率也随之改变，但输出频率的改变仅取决于 f_{clk} 的改变。

为了更方便地控制输出频率，可以采用相位累加器，使输出频率正比于时钟频率和相位增量之积。图 6-39 为采用相位累加方法的 DDS，它把正弦波在相位上的精度定为 n 位，于是分辨率相当于 $1/2^n$。用 f_{clk} 依次读取数字相位圆周上的各点，这里，数的字值作为地址，读出相应 ROM 中的值（正弦波的幅度），然后经 D/A 转换器重构正弦波。该 DDS 比图 6-38 的简单系统多用了一个相位累加器，它的作用是在读取数字相位圆周上各点时可以每隔 FWD 个点读取一个数值，FWD 即为图 6-40 中的频率控制字，这样，D/A 转换器输出正弦波的频率 f_{sin} 就等于"基频" $f_{clk}/2^n$ 的 FWD 倍，即 D/A 转换器输出正弦波的频率满足：

$$f_{sin} = FWD(f_{clk}/2^n) \tag{6-1}$$

式中，f_{clk} 是 DDS 的系统时钟，即图 6-39 中的寄存器系统时钟。通常，式（6-1）中的 n 可取值 24~32。由图 6-40 可知，其相位分辨率至少为 1/16777216，相当于 2.146×10^{-5} 度。相位增量值可预置。通过相位累加器选取 ROM 的地址时，可以间隔选通。

图 6-39 采用相位累加方法的 DDS

相位累加器位宽	采样点数
8	256
12	4096
16	65 536
20	1 048 576
24	16 777 216
28	268 435 456
32	4 294 967 296

图 6-40 相位累加器位宽与采样点数的关系

图 6-39 中的 m 通常是 10 ~ 16 位，是为了减少 ROM 的容量。这里，若 DAC 的位数为 m 位，则所用 ROM 的字长也为 m。m 是对 n 的截断获得的，是取 n 位的最高 m 位。

在如图 6-39 所示的 DDS 中，f_{clk} 由高稳定性晶振或锁相环提供，用于保证 DDS 中各种部件同步工作。DDS 核心的相位累加器包括一个 n 位字长的二进制加法器和一个由时钟 f_{clk} 取样的 n 位寄存器（寄存器 2），它的作用是对频率控制字 FWD 进行线性累加。正弦波数据存储器所对应的是一张函数波形查询表，对应不同的相位码地址，输出不同的幅度编码。

对于图 6-39 所示的 DDS，当相位控制字 PWD 为 0 时，相位累加器输出的序列对波形存储器寻址，得到一系列离散的幅度编码。该幅度编码经 D/A 转换后得到对应的阶梯波，最后经低通滤波器（高频情况下不需要专门的滤波电路，可通过电路本身的分布阻容进行滤波）平滑后得到所需的模拟波形。相位累加器在基准时钟的作用下，进行线性相位累加，当相位累加器加满时就会产生一次溢出，这样就完成了一个周期，这个周期也就是 DDS 信号的一个周期。

6.4.2 DDS 信号发生器的设计

根据 DDS 信号发生器的原理，设计如图 6-41 所示的 DDS 正弦波信号发生器电路，其包括 32 位加法器 ADDERS32B、32 位寄存器 DFF32 和波形数据存储器 SIN_DATA 3 个模块。

图6-41　DDS正弦波信号发生器电路

1. 加法器设计

加法器由 LPM 的加/减算术模块 LPM_ADD_SUB 构成，将其设置为流水线结构，这使其在时钟控制下有更高的运算速度和输入数据稳定性。加法器的参数设置如图 6-42 所示。

2. 寄存器设计

寄存器由 LPM_FF 宏模块构成，与加法器 ADDERS32B 组成 32 位相位累加器。其中高 10 位 PA[31..22] 作为波形数据存储器的地址。寄存器的参数设置如图 6-43 所示。

图 6-42 加法器的参数设置

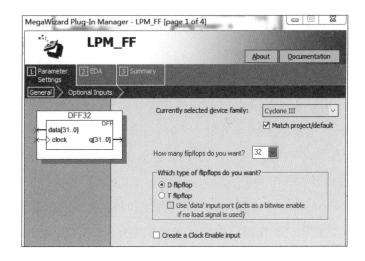

图 6-43 寄存器的参数设置

3. 波形数据存储器设计

波形数据存储器由 ROM：1-PORT 构成，正弦波形数据 ROM 模块 SIN_ROM 的地址线位宽是 10 位，数据线位宽是 8 位，即其中一个周期的正弦波离散采样数据有 1024 个，每个数据有 10 位，输出的高 8 位接 D/A 转换器 DAC0832 数据输入端。波形数据存储器的参数设置如图 6-44 所示。

波形数据存储器 ROM 的数据宽度选择 10 位，数据深度选择 1024 字，对应 10 位地址。mif 格式配置文件如图 6-45 所示。

图 6-44　波形数据存储器的参数设置　　　　图 6-45　mif 格式配置文件

4. 嵌入式逻辑分析仪

新建 SignalTap II Logic Analyzer 文件，在 Hardware 下拉列表框中选择 USB-Blaster，并加载 DDS. sof 文件。在 SignalTap II 窗口的 Setup 标签中，双击空白区域，打开 Node Finder 对话框，在 Filter 中选择 Pins：all，单击 List 按钮，在 Name 区域中选中 DAC 并单击" > "按钮，把要观察的开关节点添加到 Selected Nodes 中。嵌入式逻辑分析仪的设置如图 6-46 所示。

在 Signal Configuration 中设置合适的采样深度和触发类型，单击 Autorun Analysis 按钮。通过嵌入式逻辑分析仪对数据进行采样和监控，FPGA 的输出波形如图 6-47 所示。

图 6-46 嵌入式逻辑分析仪的设置

图 6-47 FPGA 的输出波形

6.4.3 李萨如图形信号发生器设计

李萨如图形是两个沿着互相垂直方向的正弦振动合成的轨迹,其核心结构是 DDS 信号发生器。若两个相互垂直的简谐振动的频率为任意值,则其合成的运动相对复杂,且运动轨迹不稳定,当两个振动的频率为简单的整数比时,其合成的运动是一个稳定、封闭的曲线图形，即李萨如图形。

1. DDS 信号发生器设计

利用 32 位加法器、32 位寄存器和波形数据存储器构成 DDS 信号发生器，并将其转化为 DDS 模块，具体设计过程参考 6.4.2 节。

2. 采样控制状态机设计

根据 ADC0809 的接口特性和控制状态机的要求，利用状态译码器、控制译码器和状态寄存器构成 ADC 采样控制状态机电路，并将其转化为 ADC 采样控制状态机模块，具体设计过程参考 6.3.3 节。

3. 分频器设计

李萨如图形信号发生器的分频器采用 FPGA 内的锁相环，锁相环的外部输入时钟的频率是 20MHz。锁相环输出 3 个时钟信号，为 DDS 信号发生器、采样控制状态机和 A/D 转换器提供工作时钟，其频率分别为 4MHz、3MHz 和 500kHz。

4. 顶层电路设计

调用内部锁相环、DDS 模块和 ADC 采样控制状态机模块构成李萨如图形信号发生器，其顶层电路如图 6-48 所示。

6.4.4　实验内容

1）利用 mif 生成软件生成 10 位二进制数的正弦信号波形数据，它有 1024 个点，按照以上的讨论，设计 DDS 信号发生器，给出时序分析结果，编程下载于 FPGA 中，在实验系统上进行硬件测试。

2）设计一个任意波形信号发生器，该信号发生器可以输出正弦波、三角波、方波、锯齿波等波形，编程下载于 FPGA 中，在实验系统上进行硬件测试。

3）对上述任意波形信号发生器的功能进行扩展，增加 VGA 显示屏，使 VGA 显示屏能显示信号输出的波形图案。

4）设计一个李萨如图形信号发生器。要求能为 FPGA 中两个独立的 DDS 模块分别输入频率控制字，还能显示如图 6-49所示的各种频率和相位成简单整数比的李萨如图形。两路 DAC 可使用 DAC0832。

图6-48 李萨如图形信号发生器的顶层电路

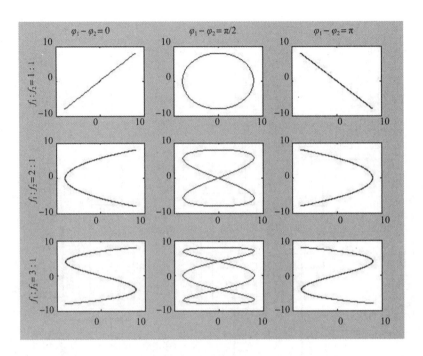

图 6-49   各种频率和相位成简单整数比的李萨如图形

6.5 直流电动机闭环控制系统设计

6.5.1 工作原理

图 6-50 所示的是直流电动机闭环控制系统的电路，系统包括 PWM 信号发生器、频率计、消抖动模块、直流电动机、电动机驱动电路、红外发光管等。直流电动机的转速由红外发光管和红外传感器测量，只有当转盘上的小孔旋转到顶部位置时，红外传感器才能接收到发光管发出的红外线，从而输出一个脉冲。由于红外传感器接收到的信号里含有大量随机毛刺信号，其输出信号必须通过消抖动模块进行滤波。

图 6-50   直流电动机闭环控制系统的电路

消抖动后的信号包含了电动机的转速信息,此信号通过频率计的测量,获得电动机的转速。

当直流电动机通以高电平时,直流电动机就会转动,由于无法通过改变电流的大小来改变直流电动机的功率,故采用调节电动机输入信号的占空比来实现,在极短的时间内高低电平交替输入,达到控制电动机平均功率的目的。由键盘输入的预设转速用于控制 PWM 信号发生器输出信号的占空比,从而使电动机的转速始终跟上预设的转速。

直流电动机闭环控制系统的顶层电路如图 6-51 所示,电路包含 PWM 信号发生器、频率计、调速电路、译码显示、消抖动、分频器等模块。

6.5.2 PWM 信号发生器设计

FPGA 中的数字 PWM 信号发生器与一般的模拟 PWM 不同,它使用数字比较器代替模拟比较器,数字比较器的 dataa 端接设定值计数器输出,datab 端接线性递增计数器输出。当线性递增计数器的计数值大于设定值时输出低电平,当计数值小于设定值时输出高电平。与模拟 PWM 信号发生器相比,数字 PWM 信号发生器省去了外接 D/A 转换器和模拟比较器,使电路更加简单且便于控制。PWM 信号发生器电路如图 6-52 所示,模块 CNT8B 是一个 8 位二进制加法计数器,模块 COMP 则是一个 8 位比较器。

8 位比较器由 LPM 的比较模块 LPM_COMPARE 构成,8 位比较器 COMP 模块的参数设置如图 6-53 所示。

8 位二进制加法计数器由 LPM 的计数模块 LPM_COUNTER 构成,8 位二进制加法计数器 CNT8 模块的参数设置如图 6-54 所示。

图 6-55 所示的波形演示了控制输出方波占空比的原理。上方的锯齿波是 8 位计数器的输出波形,最大值是 255。若比较器的 dataa 端输入的常数 $C = 90$,当计数器 CNT8 输出的值小于 90 时,比较器输出较窄脉宽的方波信号。而当进入比较器的预置常数 $C = 180$ 时,比较器输出了更大占空比的信号,其脉宽是 $C = 90$ 时的 2 倍。显然,比较器输出方波的脉宽与端口所设置的常数大小成正比,即占空比越大,PWM 传输给电动机的平均功率也就越大。通过改变比较器 dataa 端的输入数据,系统就能容易地改变输出 PWM 的脉宽。

图6-51 直流电动机闭环控制系统的顶层电路

图 6-52　PWM 信号发生器电路

图 6-53　比较器参数设置

图 6-54　计数器参数设置

图 6-55　控制输出方波占空比的原理

6.5.3　电动机正反转控制电路设计

电动机正反转控制电路由两个 2 输入与门和一个反相器组成，通过按键 SL 进行切换，如图 6-56 所示。M0 输出端接电动机模块的正向输入端，控制电动机的正向转动速度。M1 输出端接电动机模块的反向输入端，控制电动机的反向转动速度。

图 6-56　电动机正反转控制电路

6.5.4　频率计设计

频率计由分配器、测频时序控制器、十进制计数器、寄存器等模块组成，其电路如图 6-57 所示，具体设计过程参考 6.1 节。

控制计数器进行计数的使能信号的脉宽为 1s，则 CO 的输入频率为 8Hz，此频率通过 FPGA 内的锁相环和计数器获得。外部时钟 CLK 的频率为 20MHz，通过锁相环输出的时钟频率为 4096Hz，通过 9 位二进制计数器 cout 引脚输出 8Hz 信号，作为测频时序控制器的输入频率信号 CO。

对于测定电动机转速极低（每秒转速小于 1）的情况，就不能使用这种频率计。这是因为此类频率计的缺点是，所测信号的频率越低，测量精度就越低，且根本无法测量小于 1Hz 的信号频率。

6.5.5　电动机调速及译码显示设计

电动机调速及译码显示电路由 4 位二进制计数器和 7 段数码显示译码器组成，其电路如图 6-58 所示。

图 6-57　频率计电路

图 6-58　电动机调速及译码显示电路

4 位二进制计数器 CNT4B 的输出端与 PWM 信号发生器中比较器 dataa 端的高 4 位相连，通过按键 KIN 使进入比较器 dataa 端的常数 C 发生改变，从而实现电动机速度的调节。

7 段数码显示译码器 DECL7S 可以控制显示 7 段共阴极数码管的十六进制码，采用 Verilog HDL 进行设计，其 case 语句描述如图 6-59 所示。

6.5.6　消抖动模块设计

在电路设计中，消抖动设计是十分重要的功能模块设计。除了利用 RS 触发器去除

```
module DECL7S (A, LED7S);
    input [3:0]A;
    output [6:0]LED7S;
    reg [6:0] LED7S;
    always @(A)
    case (A)
        4'B0000: LED7S <= 7'B0111111;
        4'B0001: LED7S <= 7'B0000110;
        4'B0010: LED7S <= 7'B1011011;
        4'B0011: LED7S <= 7'B1001111;
        4'B0100: LED7S <= 7'B1100110;
        4'B0101: LED7S <= 7'B1101101;
        4'B0110: LED7S <= 7'B1111101;
        4'B0111: LED7S <= 7'B0000111;
        4'B1000: LED7S <= 7'B1111111;
        4'B1001: LED7S <= 7'B1101111;
        4'B1010: LED7S <= 7'B1110111;
        4'B1011: LED7S <= 7'B1111100;
        4'B1100: LED7S <= 7'B0111001;
        4'B1101: LED7S <= 7'B1011110;
        4'B1110: LED7S <= 7'B1111001;
        4'B1111: LED7S <= 7'B1110001;
        default: LED7S <= 7'B0000000;
    endcase;
endmodule;
```

图 6-59　7 段数码显示译码器的 case 语句描述

机械电子抖动和使用状态机进行消抖动电路设计外，还有许多其他类型的电路可用于消除信号的毛刺，比如通过对脉冲前后沿的毛刺进行计数比较的方法。采用计数比较法进行消抖动模块设计，其真值表所对应的 case 语句描述如图 6-60 所示。

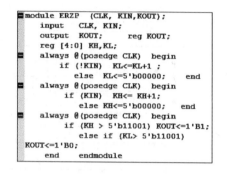

```
module ERZP (CLK, KIN, KOUT);
    input    CLK, KIN;
    output   KOUT;       reg KOUT;
    reg [4:0] KH, KL;
    always @(posedge CLK) begin
        if (!KIN)  KL<=KL+1;
            else  KL<=5'b00000;    end
    always @(posedge CLK) begin
        if (KIN)   KH<= KH+1;
            else KH<=5'b00000;     end
    always @(posedge CLK) begin
        if (KH > 5'b11001) KOUT<=1'B1;
            else if (KL> 5'b11001)
KOUT<=1'B0;
        end      endmodule
```

在电路设计中，需要注意消抖动模块工作时钟频率的选择。这要对信号毛刺的脉宽和频率有一个大概的估计，并由此确定工作时钟频率的确切范围。在本实验中，锁相环输出 2 个时钟信号，为红外传感器和机械按键的消抖动模块提供工作时钟，其频率分别为 1 MHz 和 4096 Hz，分频器电路如图 6-61 所示。

图 6-60　消抖动模块的 case 语句描述

图 6-61　分频器电路

6.5.7　实验内容

1）根据以上讨论和直流电动机闭环控制系统的电路，设计出对直流电动机的控制电路，要求电路能实现 16 级调速功能。此外，电动机的转速能在数码管上实时显示。

2）增加逻辑空载模块，用测到的转速数据控制输出的 PWM 信号，实现直流电动机的闭环控制，要求电路在尽可能短的时间内跟上所设置的转速，并且当电动机负载变化时能较好地稳定转速，键盘输入的预置转速也能显示在数码管上。

3）对上述直流电动机闭环控制系统进行功能扩展，增加串行静态显示电路，使电动机的转速能在串行静态显示模块上实时显示。

4）查阅相关资料，了解工业直流电动机转速的控制方式，利用以上原理实现直流电动机的测速和闭环控制。

附录 A SBL 型数字系统实验仪简介

SBL 型数字系统实验仪是杭州电子科技大学电工电子实验中心与上海宝徕科技开发有限公司共同研制开发的一种新型多功能数字电路实验仪，该实验仪设计的出发点是基于学生的自主实验，培养学生分析问题和解决问题的能力。该实验仪不仅可以完成基础性实验和设计性实验，还可以完成综合性实验。通过实验，学生可以掌握中、小规模数字集成电路的应用和开发方法，进而培养自己的工程设计开发能力。

A.1 实验仪说明

SBL 型数字系统实验仪的操作面板如图 A-1 所示。

图 A-1 SBL 型数字系统实验仪的操作面板

实验仪的操作面板说明如下：

①电位器选择区：提供 4.7kΩ、10kΩ、47kΩ 和 100kΩ 电位器。

②逻辑输入区：提供 16 个逻辑开关。

③8421BCD 码输入区：2 组 BCD 码按键，实现码组转换。

④频率可变脉冲信号源：提供连续可调的时钟信号。

⑤信号输入区：2 个触发点脉冲按钮，7 个固定时钟信号（1Hz、2Hz、4Hz、8Hz、500Hz、1kHz 和 32kHz）。

⑥电源区：提供 +5V、+12V 和 -12V 三组直流稳压电源，可以作为芯片的工作电压输入。

⑦LED 输出显示区：16 个发光二极管。

⑧芯片放置区：6 个 14 脚 IC 底座，6 个 16 脚 IC 底座，用以摆放常用的 74 系列芯片；2 个 20 脚 IC 底座，2 个 40 脚 IC 底座，用以摆放 GAL、单片机等芯片。

⑨BCD 数码显示区：6 个数码管，并带译码器，以方便学生观察十进制数的输出。

⑩电阻电容区：若干电阻和电容，用以完成一些数模混合实验。

A.2　使用注意事项

1）接地问题。本实验仪凡标有"GND"的插座均为公共参考端——地线，其内部已经连通。实验时，可依连线情况，任意选择使用。

2）连线注意事项。连线时要特别注意，电源、时钟输出和逻辑开关输入各自之间或相互之间不能有短路现象，否则将损坏设备。

附录 B　示波器使用简介

示波器是一种能把随时间变化的电信号变化过程用图像显示出来的电子仪器，可以用来观察电压（或转换成电压的电流）的波形，测量电压的幅度、频率、相位等，是电路实验中必备的电子测量仪器。

B.1　双踪示波器 CS-4125/CS-4135 简介

CS-4125/CS-4135 是一种便携式通用示波器，具有 20MHz 带宽、双通道、双踪、垂直轴信号同步功能、垂直轴高电压输入 800V 峰-峰值，以及全新的 FIX 功能。

B.1.1　CS-4125/CS-4135 的主要特点

1）频率范围广：在 1mV/div 及 2mV/div 档位，频宽为 DC ~5MHz(-3dB)；在 5mV/div 及以上档位，频宽为 DC ~20MHz(-3dB)。

2）灵敏度高：连续切换式衰减器的垂直轴感度可达 1mV/div，即 1mV/格。

3）精度高：垂直轴感度和扫描时间的精度在 ±3% 以内。

4）扫描速度快：可执行时间轴为 20ns 的高速扫描。

5）波形自动锁定：同步器可自动锁定所测波形。

6）垂直轴方式触发：当 CH1 与 CH2 的输入信号频率不同时，两个通道可获得稳定波形。

B. 1. 2　CS-4125/CS-4135 的主要技术指标

CS-4125/CS-4135 型双踪示波器的主要技术指标见表 B-1。

表 B-1　CS-4125/CS-4135 型双踪示波器的主要技术指标

项目	CS-4125	CS-4135
显示面积	$8 \times 10\text{div}(1\text{div} = 10\text{mm})$	
灵敏度	1mV/div ~ 2mV/div 为 5%，5mV/div ~ 5V/div 为 3%	
衰减器	1-2-5 级数，12 档，附微调功能	
输入阻抗	$(1 \pm 2\%)$ MΩ，约 22pF	$(1 \pm 2\%)$ MΩ，约 23pF
CHOP 频率	约 150kHz	
极性反转	仅 CH2	
动作方式	以 $X - Y$ 开关选择 $X - Y$ 动作 CH1：Y 轴　　CH2：X 轴	
EXT	外部触发信号	
外部触发 输入阻抗 最大输入电压	约 1MΩ，约 22pF $800V_{p-p}$ 或 $400V(DC + AC\ peak)$	
波形	正极性方波	
电压	$(1 \pm 3\%)$ V_{p-p}	
频率	约 1kHz	

B. 1. 3　CS-4125/CS-4135 控制键说明

CS-4125/CS-4135 型双踪示波器的前面板如图 B-1 所示。前面板中各开关、旋钮等的名称和功能介绍如下。

①阴极射线管（CRT）：显示范围为垂直轴 80mm，水平轴 100mm。

②电源键：按下为开启电源。

③电源指示灯：当电源开启时，电源指示灯点亮。

④校准信号（CAL 端子）：校正用电压端子，调整探针，可得到 $1V_{p-p}$ 正极性约 1kHz 的方波信号。

⑤亮度旋钮（INTENSITY）：调整显示亮线的亮度。

⑥焦点调整旋钮（FOCUS）：调整显示信号的清晰度。

⑦轨迹旋转旋钮（TRACE ROTA）：调整水平亮线的倾角。

图 B-1　CS-4125/CS-4135 型双踪示波器的前面板

⑧ GND 端子：接地端子，与其他仪器取得相同接地时使用。

⑨ POSITION 旋钮：可用于调整荧幕上 CH1 波形的垂直位置，在 $X-Y$ 动作时可调整 Y 轴位置。

⑩ VOLTS/DIV 旋钮：设定 CH1 垂直轴衰减度，可在 1-2-5 级数间切换，将 VARIABLE 旋钮调至 CAL 位置时，可得到校正的垂直轴感度。

⑪ VARIABLE 旋钮：微调 CH1 垂直轴衰减度，向右旋至 CAL 位置时可得到已校正的值。

⑫ AC-GND-DC 端子：可以选择 CH1 垂直轴输入信号的组合方式。

⑬ CH1 INPUT 端子：CH1 垂直轴的输入端子，在 $X-Y$ 动作时为 Y 轴的输入端子。

⑭ BAL 平衡电位器：当 Y 轴放大器输入级电路出现不平衡时，显示的亮线将随 VOLTS/DIV 旋钮的转动而上下移动，调整平衡电位器，可将位移调至最小。

⑮ POSITION 旋钮：可用于调整荧幕上 CH2 波形的垂直位置。

⑯ VOLTS/DIV 旋钮：设定 CH2 垂直轴衰减度，可在 1-2-5 级数间切换，将 VARIABLE 旋钮调至 CAL 位置时，可得到校正的垂直轴感度。

⑰ VARIABLE 旋钮：微调 CH2 垂直轴衰减度，向右旋至 CAL 位置时可得到已校正的值。

⑱ AC-GND-DC 端子：可以选择 CH2 垂直轴输入信号的组合方式。

⑲ CH2 INPUT 端子：CH2 垂直轴的输入端子，在 $X-Y$ 动作时为 X 轴的输入端子。

⑳ BAL 平衡电位器：当 X 轴放大器输入级电路出现不平衡时，显示的亮线将随 VOLTS/DIV 旋钮的转动而左右移动，调整平衡电位器，可将位移调至最小。

㉑ VERTICAL MODE：可用于选择垂直轴的作用方式。

- CH1：显示 CH1 的输入信号；
- CH2：显示 CH2 的输入信号；
- ALT：每次扫描交替显示 CH1 及 CH2 的输入信号，适合需要使用较快时基设置的高频率信号的显示；
- CHOP：与 CH1 及 CH2 输入信号的频率无关，而以 150kHz 在两频道间切换显示，适合在低时基速率下低频率信号的显示；
- ADD：显示 CH1 与 CH2 输入信号的合成波形，但当 CH2 设定为 INV 状态时，显示 CH1 与 CH2 输入信号的差。

㉒ CH2 INV 按钮：按下此按钮时，CH2 输入信号极性被反相。

㉓ $X-Y$ 按钮：按下此按钮时，VERTICAL MODE 的设定变为无效，示波器为 CH1 变为 Y 轴、CH2 变为 X 轴的 $X-Y$ 示波器。

㉔ TRIGGERING MODE：可用于选择 TRIGGER 的方式。

- AUTO：由 TRIGGER 信号启动扫描，若无 TRIGGER 信号，则显示 Free Run 亮线；
- NORM：由 TRIGGER 信号启动扫描，但与 AUTO 不同的是，若无正确的 TRIGGER 信号，则不会显示亮线；
- FIX：将同步 LEVEL 加以固定；
- TV-FRAME：将复合映像信号的垂直同步脉冲分离出来，并与 TRIGGER 电路结合；
- TV-LINE：将复合映像信号的水平同步脉冲分离出来，并与 TRIGGER 电路结合。

㉕ SOURCE 端子：用以选择 TRIGGER 信号的来源。

- CH1：TRIGGER 信号源为 CH1 的输入信号；
- CH2：TRIGGER 信号源为 CH2 的输入信号；
- LINE：TRIGGER 商用电源的电压波形；
- EXT：TRIGGER EXT. TRIG 端子的输入信号。

㉖ SLOPE 按钮：选择触发扫描信号 SLOPE 的极性，未按下此按钮时，TRIGGER 信号上升时被触发；按下此按钮时，TRIGGER 信号下降时被触发。

㉗ LEVEL 旋钮：用于设定在 TRIGGER 信号波形 SLOPE 的那一点上被触发而开始进行扫描。

㉘ EXT. TRIG 端子：外部 TRIGGER 信号的输入端子，当 SOURCE 端子设定为 EXT 时，此端子即成为 TRIGGER 信号的输入端子。

㉙ POSITION 旋钮：可用于调整所显示波形的水平位置，在 $X-Y$ 动作时可调整 X 轴的位置。

㉚ SWEEP TIME/DIV 旋钮：扫描时间切换器，可在 $0.2\mu s \sim 0.5s$ 之间以1-2-5 级数调整，当 VARIABLE 向右旋至 CAL 位置时，成为校正的指示值。

㉛ VARIABLE 旋钮：扫描时间微调器，可在 SWEEP TIME/DIV 的各段之间连续变化，向右旋至 CAL 位置时，成为校正的指示值。

㉜ *10MAG 按钮：按下即显示由荧幕中央向左右扩大 10 倍的波形。

B.1.4　基本操作方法

为了使双踪示波器 CS-4125/CS-4135 能保持良好的使用状态，打开电源开关前应先检查电源线及各相应的控制键，控制键预设位置见表 B-2。

表 B-2　CS-4125/CS-4135 型示波器控制键预设位置

控制键	预设位置	控制键	预设位置
MODE	AUTO	VERTICAL VARIABLE	CAL
SOURCE	VERT	VOLTS /DIV	5V/div
VERT MODE	CH1（CH2 INVERT 为 OFF）	AC-GND-DC	GND
SLOPE	+	POSITION	中央
TRIGGER LEVEL	中央	HORIZONTRAL VARIABLE	CAL
CH1 或 Y 及 CH2 或 X		SWEEP TIME/DIV	0.2ms/div
POSITION	中央	*10MAG	弹出
INTEN	适中	X-Y	弹出

在确认电源电压无误后开启电源，此时，电源指示灯亮，$10 \sim 15s$ 后将显示亮线，INTEN 向右旋将其调亮，再向左旋调暗，确认其工作正常，再调整 INTEN 使亮线亮度适中，调节 FOCUS 使亮线最清晰，调节 TRACE ROTA 使亮线与水平刻度保持平行。确认完成后，将 INTEN 逆时针旋至底使亮线消失进行预热。为了使所测得的数值正确，预热时间至少应在 30 分钟。若仅为显示波形，则不必进行预热。一般情况下，应将各微调旋钮顺时针旋到底至 CAL 位置。

B. 2 数字示波器 DS1022 使用说明

数字示波器 DS1022 是 DS1000 系列示波器的一种，除易于使用之外，还具有更快完成测量任务所需要的高性能指标和强大功能。

B. 2. 1 主要特点

数字示波器 DS1022 的主要特点如下：

1）双模拟通道，每通道带宽为 100Mbit/s。

2）16 个数字通道，可独立接通或关闭，或者以 8 个为一组接通或关闭（混合信号示波器）。

3）高清晰彩色/单色液晶显示系统，分辨率为 320×234。

4）支持即插即用 USB 存储设备和打印机，并可通过 USB 存储设备进行软件升级。

5）可以调节模拟通道的波形亮度，进行自动波形、状态设置等操作。

6）自动测量 20 种波形参数。

B. 2. 2 主要技术指标

DS1022 数字示波器的主要技术指标见表 B-3。

表 B-3 DS1022 数字示波器的主要技术指标

输入阻抗	(1±2%) MΩ，(13±3) pF
输入耦合	直流、交流或接地（DC、AC、GND）
扫描范围	20ns/div ~ 50s/div，1-2-5 进制
模拟/数字转换器	8 比特分辨率，两个通道同时采样
灵敏度	2mV/div ~ 5V/div
模拟带宽	100Mbit/s
触发灵敏度	0.1 ~ 1.0div，用户可调节
边沿触发	上升、下降、上升与下降
脉宽触发	（大于、小于、等于）正脉宽，（大于、小于、等于）负脉宽，20ns ~ 10s
交替触发	边沿、脉宽触发

B. 2. 3 按键说明

DS1022 数字示波器的按键说明如下。

DS1022 数字示波器的前面板如图 B-2 所示。前面板中对应号码的各开关、旋钮等的名称和功能介绍如下：

①USB host 接口。

②数字信号输入。

③模拟信号输入。

④外触发输入。

⑤探头补偿信号输出。

⑥垂直控制。

⑦水平控制。

⑧触发控制。

⑨运行控制。

⑩常用菜单。

⑪多功能旋钮。

图 B-2   DS1022 数字示波器的前面板

DS1022 数字示波器的后面板如图 B-3 所示。后面板中对应号码的各开关、旋钮等的名称和功能介绍如下：

①具有光电隔离的通过/失败检测输出端。

②RS-232 通信接口。

③USB DEVICE 接口。

图 B-3   DS1022 数字示波器的后面板

B. 2. 4　基本操作

观测电路中的未知信号，迅速显示和测量信号的峰－峰值和频率。

1. 显示信号

若要迅速显示该信号，可按如下步骤操作：

1）将探头菜单衰减系数设定为 10×，并将探头上的开关设定为 10×。

2）将通道 1 的探头连接到电脑被测点。

3）按下 AUTO（自动设置）按钮。

2. 自动测量

示波器将自动设置使波形显示达到最佳。在此基础上，可以进一步调节垂直、水平档位，直至显示的波形符合要求。

1）测量峰－峰值。按下 MEASURE 按钮，显示自动测量菜单；按下 1 号菜单操作键，选择信号源为 CH1；按下 2 号菜单操作键，选择测量类型为电压测量；在电压测量弹出菜单中，选择测量参数为峰－峰值。此时，可以在屏幕左下角发现测量的峰－峰值。

2）测量频率。按下 3 号菜单操作键，选择测量类型为时间测量；在时间测量弹出菜单中，选择测量参数为频率。此时，可以在屏幕下方发现测量的频率。

值得注意的是，测量结果在屏幕上的显示会随被测信号的变化而变化。

附录 C　MODEL 500HA 型万用电表使用说明

C. 1　用途

MODEL 500HA 型万用电表是一种高灵敏度、多量限的携带式整流系仪表。该仪表面板如图 C-1 所示。该仪表共有 23 个测量量限，能分别测量交（直）流电压、交（直）流电流、直流电阻及音频电平，适用于无线电、电信及电工单位的一般测量。仪表适合在周围温度为 0～+40 ℃、相对湿度为 25%～80% 的环境中工作。

C. 2　性能

该仪表的测量范围及准确度等级见表 C-1。

图 C-1　MODEL 500HA 型
万用电表面板

表 C-1　MODEL 500HA 型万用电表的测量范围及准确度等级

测量范围		灵敏度或电压降	准确度等级	基本误差表示法
直流电压	0 ~ 2.5 ~ 10 ~ 50 ~ 250 ~ 500V	20 000Ω/V	2.5	以标度尺工作部分上量限的百分数表示
	2500V	4000Ω/V	5.0	
交流电压	0 ~ 10 ~ 50 ~ 250 ~ 500V	4000Ω/V	5.0	
	2500V	4000Ω/V	5.0	
直流电流	0 ~ 50μA ~ 1mA ~ 10mA ~ 100mA ~ 500mA	≤0.75V	2.5	
	5A	0.3V		
交流电流	5A	≤1V	5.0	
直流电阻	0 ~ 2kΩ ~ 20kΩ ~ 200kΩ ~ 2MΩ ~ 20MΩ		2.5	以标度尺工作部分长度的百分数表示
音频电平	− 10 ~ + 22dB			

C.3　结构特点

1）仪表外壳采用酚醛压塑粉压制，具有良好的机械强度与电气绝缘性能。

2）仪表设有密封装置，以减少外界灰尘及有害气体对仪表内部的侵蚀。

3）仪表的标度盘宽阔，指针端部呈刀形，能清楚地指示被测量值。

4）电池盒设在仪表的背面并与仪表内部隔离，更换电池方便。

5）仪表的外形尺寸为 178mm × 173mm × 84mm，质量为 2kg。

C.4　使用方法

1）使用之前须调整调零器 S_3，使指针准确指示在标度尺的零位上。

2）直流电压测量。将测试杆短杆分别插在插口 K_1 和 K_2 内，转换开关旋钮 S_1 旋至 "ⴹ" 位置上，开关旋钮 S_2 旋至欲测量直流电压的相应量限位置上，再将测试杆长杆跨接在被测电路两端，指示值见 "≈" 刻度。测量 2500V 时，将测试杆短杆插在 K_1 和 K_4 插口中。

3）交流电压测量。将开关旋钮 S_1 旋至 "ⴹ" 位置上，开关旋钮 S_2 旋至欲测量交流电压的相应量限位置上，测量方法与直流电压测量相似。50V 及 50V 以上各量限的指示值见 "≈" 刻度，10V 量限见 "10 ⴹ" 专用刻度。测量 2500V 时，将测试杆短杆插在 K_1 和 K_4 插口中。由于整流系仪表的指示值交流电压的平均值，仪表指示值按正弦波形交流电压的有效值校正，因此被测交流电压的波形失真应为任意瞬时值与基本正弦波相应瞬时值间的差别不超过基本波形振幅的 ±1%，当被测电压为非正弦波时，例如测量铁磁饱和稳压器的输出电压，仪表的指示值将因波形失真而引起误差。

4）直流电流测量。将开关旋钮 S_2 旋至 "A" 位置上，开关旋钮 S_1 旋至欲测量直流电流的相应量限位置上，然后将测试杆串接在被测电路中，就可量出被测电路中的直流电流值，指示值见 "≈" 刻度。测量 5A 时，将测试杆短杆插在 K_1 和 K_3 插口中。测量过程中仪表与电路的接触应保持良好。

5）交流电流测量。将开关旋钮 S_2 旋至 "5 A" 位置上，开关旋钮 S_1 可以旋至任意位置，测试杆短杆插在 K_1 和 K_3 插口中，然后将测试杆长杆串接在被测电路中，就可以量出被测电路中的交流电流值，指示值见 "≈" 刻度。

6）直流电阻测量。将开关旋钮 S_2 旋至 "Ω" 位置上，开关旋钮 S_1 旋至 "Ω" 量限内，先将两个测试杆短路，使指针向满度偏转，然后调节电位器 R_1 使指针指示在欧姆标度尺 "0Ω" 位置上，再将测试杆分开，进行未知电阻阻值的测量。指示值见 "Ω" 刻度。为了提高测试精度，指针所指示被测电阻的值应尽可能指示在刻度中间一段，即全刻度的 25%～75% 弧度范围内。在 Ω×1、Ω×10、Ω×100、Ω×1kΩ 量限，所用直流工作电源由一节 1.5V 二号电池提供，Ω×10kΩ 量限所用直流工作电源由一节 9V 层叠电池提供，它们在工作时的端电压应符合表 C-2 给定的数值。

表 C-2 电池工作时的端电压 （单位：V）

电池标称电压	工作时端电压范围
1.5	1.35～1.65
9.0	8.1～9.9

当短路测试杆调节电位器 R_1 不能使指针指示到欧姆零位时，表示电池电压不足，应立刻更换新电池，以防止因电池腐蚀而影响其他零件。更换新电池时，应注意电池极性，并与电池夹保持良好接触。仪表长期搁置不用时，应将电池取出。

7）音频电平测量。测量方法与测量交流电压相似，将转换开关旋钮 S_1、S_2 分别旋至 "⊻" 和相应的交流电压量限位置上。音频电平刻度是根据 0dB＝1mW，600Ω 输送标准而设计的。标度尺指示值范围为 －10～＋22dB，当被测量大于 ＋22dB 时，应在 50 ⊻或 250 ⊻量程进行测量，而且指示值应按表 C-3 的数值进行修正。

表 C-3 指示值的修正

量限	按电平刻度增加值	电平的范围
50 ⊻	14	＋4～＋36dB
250 ⊻	28	＋18～＋50dB

音频电平与电压、功率的关系如下所示：

$$dB = 10\log_{10}P_2/P_1 = 20\log_{10}V_2/V_1$$

式中　P_1——在 600Ω 负荷阻抗上 $0dB$ 的标称功率等于 $1mW$；

　　　V_1——在 600Ω 负荷阻抗上消耗功率为 $1mW$ 时的相应电压，即

$$V_1 = \sqrt{PZ} = \sqrt{0.001 \times 600}\,V = 0.775V$$

　　　P_2——被测功率；

　　　V_2——被测电压。

指示值见"dB"刻度。

C.5　注意事项

为了获得良好的测量效果并防止由于使用不慎而损坏仪表，在使用仪表时，应遵守下列规则：

1）在测量时，不能旋转仪表开关旋钮。

2）当不能确定被测量大约数值时，应将量程转换开关旋到最大量限的位置上，然后再选择适当的量限，使指针得到最大的偏转。

3）测量直流电流时，仪表应与被测电路串联，禁止将仪表直接跨接在被测电路的电压两端，以防止仪表因过负荷而损坏。

4）测量电路中电阻的阻值时，应将被测电路的电源切断，如果电路中有电容器，那么应先将其放电后才能测量。切勿在电路带电情况下测量电阻。

5）为了确保安全，测量交/直流 $2500V$ 量限时，应将测试杆一端固定在电路地电位上，用测试杆的另一端接触被测高压电源，测试过程中应严格执行高压操作规程，双手必须戴高压绝缘橡胶手套，地板上应铺高压绝缘橡胶板，测试时应谨慎从事。

6）仪表应保持清洁和干燥，以免影响准确度或损坏仪表。

C.6　产品成套性

1）测试杆（一副）

2）1.5V 二号电池（一节）

3）9V 层叠电池（一节）

4）产品使用说明书（一份）

5）产品合格证明书（一份）

附录 D　常用数字集成电路的引脚排列及逻辑符号

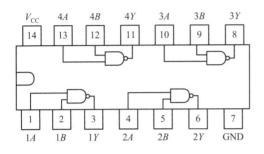

图 D-1　四 – 2 输入与非门 74LS00

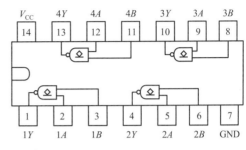

图 D-2　四 – 2 输入与非门（OC）74LS01

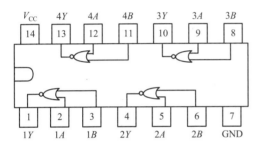

图 D-3　四 – 2 输入或非门 74LS02

图 D-4　六反相器 74LS04

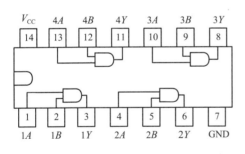

图 D-5　四 – 2 输入与门 74LS08

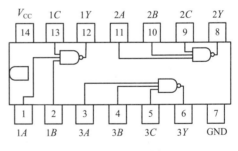

图 D-6　三 – 3 输入与非门 74LS10

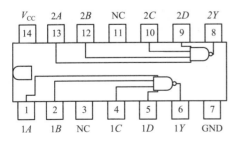

图 D-7　二 – 4 输入与非门 74LS20

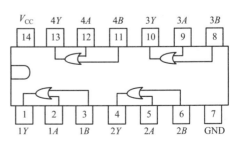

图 D-8　四 – 2 输入或门 74LS32

图 D-9 四路 2-2-2-2 输入与非门 74LS54

图 D-10 双上升沿 D 触发器 74LS74

图 D-11 四 - 2 输入异或门 74LS86

图 D-12 双下降沿 JK 触发器 74LS112

图 D-13 四总线缓冲器 74LS126

图 D-14 3 线 - 8 线译码器 74LS138

图 D-15 8 线 - 3 线优先编码器 74LS148

图 D-16 八选一数据选择器 74LS151

图 D-17　双四选一数据选择器 74LS153

图 D-18　4 位二进制同步计数器 74LS161

图 D-19　4 位双向移位寄存器 74LS194

图 D-20　二 - 五 - 十进制计数器 74LS196

图 D-21　4 位二进制进位加法器 74LS283

图 D-22　二 - 五 - 十进制计数器 74LS290

图 D-23　四 - 2 输入与非门 CD4011B

图 D-24　四 - 2 输入与门 CD4081

图 D-25　555 定时器

图 D-26　8 位数模转换器 DAC0832

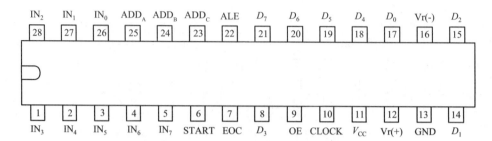

图 D-27　8 位模数转换器 ADC0809

附录 E　常用文字及图形符号说明

E.1　电压、电流文字符号

V_I	输入电压（相对于电路公共参考点的电压）	V_{IH}	输入高电平
V_{IL}	输入低电平	V_{OH}	输出高电平
V_O	输出电压（相对于电路公共参考点的电压）	V_{OL}	输出低电平
V_T	温度电压当量	u_{BE}	晶体管基极相对于发射极的电压
V_{CC}	电源电压（一般用于双极型半导体器件）	u_{CE}	晶体管集电极相对于发射极的电压
V_{DD}	电源电压（一般用于 MOS 器件）	u_{DS}	MOS 管漏极相对于源极的电压
V_{NA}	脉冲噪声电压幅值	u_{GS}	MOS 管栅极相对于源极的电压
V_{NH}	输入高电平噪声容限	V_{TH}	门电路的阈值电压
V_{NL}	输入低电平噪声容限	V_{T+}	施密特触发特性的正向阈值电压
V_{REF}	参考电压（或基准电压）	V_{T-}	施密特触发特性的负向阈值电压
$V_{GS(th)P}$	P 沟道 MOS 管的开启电压	$V_{GS(th)N}$	N 沟道 MOS 管的开启电压
$i_B(I_B)$	基极电流瞬时值（直流量）	I_{IH}	高电平输入电流
$i_C(I_C)$	集电极电流瞬时值（直流量）	I_{IL}	低电平输入电流
$i_D(I_D)$	漏极电流瞬时值（直流量）	$i_L(I_L)$	负载电流瞬时值（直流量）
i_I	输入电流	i_O	输出电流
I_{OH}	高电平输出电流	I_{CCH}	输出为高电平时的电源电流
I_{OL}	低电平输出电流	I_{CCL}	输出为低电平时的电源电流
$I_{CC(avg)}$	电源（V_{CC}）平均电流	$I_{DD(avg)}$	电源（V_{DD}）平均电流

E.2　功率符号

P_C	CMOS 电路负载电容充、放电功耗	P_T	CMOS 电路的瞬时导通功耗
P_D	CMOS 电路的动态功耗	P_{TOT}	CMOS 电路的总功耗
P_S	CMOS 电路的静态功耗		

E.3　脉冲参数符号

f	周期性脉冲的重复频率	t_{re}	恢复时间
q	占空比	t_{set}	建立时间
t_f	下降时间	t_w	脉冲宽度
t_h	保持时间	V_m	脉冲幅度
t_r	上升时间		

E.4　电阻、电容文字符号

R_I	输入电阻	C_{GD}	MOS 管栅极与漏极间电容
R_L	负载电阻	C_{GS}	MOS 管栅极与源极间电容
R_O	输出电阻	C_h	保持电容
R_{OFF}	器件截止时内阻	C_I	输入电容
R_{ON}	器件导通时内阻	C_L	负载电容
R_U	上拉电阻		

E.5　器件参数及其他符号

A	放大器	S	开关
G	门	TG	传输门
EN	允许（使能）	CLK	时钟
H	十六进制	CP	时钟脉冲
OE	输出允许（使能）	D	十进制
A_u	放大器的电压放大倍数	VT	晶体管
VD	二极管	VT_N	N 沟道 MOS 管
FF	触发器	VT_P	P 沟道 MOS 管
t_{pHL}	输出由高电平变为低电平时的传输延迟时间	$t_{pd(avg)}$	平均传输延迟时间
t_{pLH}	输出由低电平变为高电平时的传输延迟时间	B	二进制

E.6　常用逻辑门电路图形符号对照表

名称	国标符号	国际流行符号	名称	国标符号	国际流行符号
与门			或非门		
或门			与或非门		

（续）

名称	国标符号	国际流行符号	名称	国标符号	国际流行符号
非门			异或门		
与非门			同或门		
OC/OD 与非门			带施密特触发特性的与非门		
三态输出的非门			CMOS 传输门		
三态输出的与非门					

E.7 部分电气图用图形符号

名称	符号	名称	符号	名称	符号
灯		导线		电池	
电压表		接地		二极管	
传声器		接机壳		稳压二极管	
扬声器		连接的导线		运算放大器	
晶体管		熔断器		绕组	
直流电动机		变压器		铁心变压器	

（续）

名称	符号	名称	符号	名称	符号
直流发电机	Ⓖ	电容器	⊣⊢	电阻器	▭
开关	／	隧道二极管	▷⊢		

E.8 部分电路元器件的图形符号

名称	符号	名称	符号	名称	符号
独立电流源		理想导线		电容	
受控电流源		电位参考点		理想运放	
受控电压源		理想开关		电感	
非线性电阻		理想二极管		二端元件	
可调电阻		短路		回转器	
独立电压源		连接导线		理想变压器耦合电感	

附录 F 数字电子技术远程实境实验平台操作手册

F.1 数字电子技术远程实境实验平台操作步骤

1）按实验要求画好原理图后，进行编译和仿真。

2）单击 Assignments→Pins，打开引脚分配窗口，在 Location 栏输入引脚编号，如图 F-1 所示。

图 F-1　引脚分配窗口

实验平台提供的输入/输出模块与 FPGA 相连接的引脚对应详见后续表格。这里，请根据具体电路的需要进行选用和引脚分配。引脚分配后，再编译一次，工程文件夹中会生成相应的 FPGA 下载配置文件——. sof 文件。

3）登录远程实境实验平台网站 http：//www. ycsypt. com，选择本课程，预约远程实验。预约时间到后，单击"进入实验"，可打开虚拟客户端 VA，进入实验操作预约界面如图 F-2 所示。

图 F-2　预约界面

第一次使用时，需要安装虚拟客户端 VA，单击客户端下载即可，后续使用不需要再次安装。安装好之后，单击上面的"进入实验"按钮，打开虚拟文件夹，如图 F-3 所示。

首先，需要上传本地计算机上的. sof 文件。单击左侧的"Quartus"标签，单击快捷菜单中的"上传"图标，并在弹出的上传窗口中浏览找到要下载到 FPGA 中的. sof 文件，单击"确定"，上传该文件至服务器。

图 F-3　虚拟文件夹

　　然后单击左侧的"私人"标签，双击右侧窗口中的"FPGA 烧录"（如图 F-4 所示），打开远程实验操作窗口，如图 F-5 所示。

图 F-4　FPGA 烧录界面

图 F-5　远程实验操作窗口

　　窗口左侧一列为虚拟仪器，包含视频监控、示波器、信号发生器、电源等，可根据需要选择。窗口下部是 8 个按键开关和 8 个逻辑开关，可用鼠标单击控制输入信号的变化。

　　单击右侧第一个下拉列表框，选择自己的下载文件，单击"FPGA 远程下载"按钮，启动下载，当看到下载成功的提示框后，改变输入信号，在中间实验平台实时视频图像画面中即可观察实验结果。

F.2　引脚对应

实验箱全貌（含部分模块）如图 F-6 所示。

图 F-6　实验箱全貌（含部分模块）

1. 核心板（C1）

此核心板 FPGA 的型号为 EP4CE40U19A7，是 Intel 公司旗下的 Cyclone 10 系列芯片，如图 F-7 所示。

图 F-7　核心板

2. 输入信号

打开远程实验操作窗口，在窗口下方可以看到控制输入信号的按键开关和逻辑开关，如图 F-8 所示。

图 F-8　按键开关和逻辑开关

系统可支持 8 路按键开关（$A_0 \sim A_7$）输入和 8 路逻辑开关（$B_0 \sim B_7$）输入的控制。按键开关松开为 0，按下为 1，松开自动返回 0。逻辑开关拨下为 0，拨上为 1。按键开关和逻辑开关对应的 FPGA 引脚见表 F-1。

表 F-1　按键开关和逻辑开关对应的 FPGA 引脚

按键开关	A_0	A_1	A_2	A_3	A_4	A_5	A_6	A_7
FPGA 引脚	A20	B20	A19	B19	A18	B18	A17	B17
逻辑开关	B_0	B_1	B_2	B_3	B_4	B_5	B_6	B_7
FPGA 引脚	A16	B16	A15	B15	A14	B14	A13	B13

3. 时钟信号

晶振电路产生 50MHz 方波，对应的 FPGA 引脚为 AB12。

4. 流水灯模块（M3）

流水灯模块共包含 24 个 LED 和 1 个动态 2 位数码管，如图 F-9 所示。其中，24 个 LED 独立显示，高电平有效；2 位数码管为共阳极数码管，位选和段选信号均为低电平有效。

图 F-9　流水灯模块

24 个 LED 对应的 FPGA 引脚见表 F-2。

表 F-2 24 个 LED 对应的 FPGA 引脚

LED	D_1	D_2	D_3	D_4	D_5	D_6	D_7	D_8
FPGA 引脚	W19	W17	U20	W20	R20	U19	N20	P20
LED	D_9	D_{10}	D_{11}	D_{12}	D_{13}	D_{14}	D_{15}	D_{16}
FPGA 引脚	W13	U16	U15	T14	U14	U12	Y13	W15
LED	D_{17}	D_{18}	D_{19}	D_{20}	D_{21}	D_{22}	D_{23}	D_{24}
FPGA 引脚	M19	K19	H20	F19	V21	H19	K18	N19

2 位数码管对应的 FPGA 引脚见表 F-3。

表 F-3 2 位数码管对应的 FPGA 引脚

位选	数码管 1	数码管 2						
FPGA 引脚	V15	V16						
段选	a	b	c	d	e	f	g	dp
FPGA 引脚	T18	U7	U10	T13	M8	U9	U8	T10

5. 液晶及数码显示模块 (M2)

液晶及数码显示模块由 1602 液晶屏、8 位动态扫描显示数码管及一个单独的静态显示数码管组成，如图 F-10 所示。

图 F-10 液晶及数码显示模块

8 位动态扫描显示数码管的各段选信号和位选信号均为低电平有效，通过导线与 FPGA 引脚相连，对应的 FPGA 引脚见表 F-4。

表 F-4 8 位动态扫描显示数码管对应的 FPGA 引脚

段选	a	b	c	d	e	f	g	dp
FPGA 引脚	E16	C3	F13	G3	E11	E12	E13	E15
位选	SG_7	SG_6	SG_5	SG_4	SG_3	SG_2	SG_1	SG_0
FPGA 引脚	F11	E10	E7	E6	J8	L8	P7	F17

静态显示数码管对应的 FPGA 引脚见表 F-5。

表 F-5 静态显示数码管对应的 FPGA 引脚

段选	a	b	c	d	e	f	g	dp
FPGA 引脚	K8	H7	E9	D7	G7	N7	R7	F10

液晶屏对应的 FPGA 引脚见表 F-6。

表 F-6 液晶屏对应的 FPGA 引脚

液晶屏	RS	R/W	E	DB0	DB1	DB2	DB3	DB4
FPGA 引脚	Y3	T3	P3	M4	T7	W6	Y4	V3
液晶屏	DB5	DB6	DB7					
FPGA 引脚	T4	P4	J5					

6. VGA 显示屏模块（M1）

该模块是一款 7 英寸（1 英寸 = 25.4 毫米）RGB 显示屏，分辨率为 800×480，最高支持 24 位真彩显示，如图 F-11 所示。

除了 R、G、B 各 8 位数据输入外，还有一些控制信号，其功能见表 F-7。

图 F-11 VGA 显示屏模块

表 F-7　控制信号的功能

控制信号	功能
CLK	像素时钟
HSYNC	水平同步信号
VSYNC	垂直同步信号
DE	数据使能信号
BL	背光控制信号

VGA 显示屏的参数见表 F-8。

表 F-8　VGA 显示屏的参数

参数	符号⊖	最小值	典型值	最大值	单位
行显示区	thd		800		DCLK
时钟频率	fclk	26.4	33.3	46.8	MHz
行显示周期	th	862	1056	1200	DCLK
行同步	thpw	1	—	40	DCLK
行显示后沿	thb	46	46	46	DCLK
行显示前沿	thfp	16	210	354	DCLK
场显示区	tvd		480		TH
场显示周期	tv	510	525	650	TH
场同步	tvpw	1	—	20	TH
场显示后沿	tvb	23	23	23	TH
场显示前沿	tvfp	7	22	147	TH

VGA 显示屏对应的 FPGA 引脚见表 F-9。

表 F-9　VGA 显示屏对应的 FPGA 引脚

VGA 显示屏	R_7	R_6	R_5	R_4	R_3	R_2	R_1	R_0
FPGA 引脚	P17	U17	T17	P16	P15	T16	R16	C20
VGA 显示屏	G_7	G_6	G_5	G_4	G_3	G_2	G_1	G_0
FPGA 引脚	R18	H17	G17	M16	H16	N17	N16	R17
VGA 显示屏	B_7	B_6	B_5	B_4	B_3	B_2	B_1	B_0
FPGA 引脚	D19	H18	G18	J17	J18	N18	K17	R19
VGA 显示屏	LCD_BL	LCD_RST	LCD_VS	LCD_DE	LCD_HS	LCD_PCLK		
FPGA 引脚	C15	C10	C17	D15	D17	C19		

7. 点阵模块（M4）

点阵模块如图 F-12 所示。

⊖　此处所有符号与使用手册一致。——编者注

图 F-12　点阵模块

此为 16×16 的点阵,由 4 块 8×8 的点阵组成,每块 8×8 的点阵里面都有 64 个发光二极管,原理示意图如图 F-13 所示,阳极为 $RA_1 \sim RA_{16}$,阴极为 $CA_1 \sim CA_{16}$,位置如图 F-12 所示。

图 F-13　点阵模块原理示意图

点阵对应的 FPGA 引脚见表 F-10。

表 F-10 点阵对应的 FPGA 引脚

点阵	RA_1	RA_2	RA_3	RA_4	RA_5	RA_6	RA_7	RA_8
FPGA 引脚	G8	H8	H10	H14	G15	G16	H15	L22
点阵	RA_9	RA_{10}	RA_{11}	RA_{12}	RA_{13}	RA_{14}	RA_{15}	RA_{16}
FPGA 引脚	E22	E21	F22	F21	H21	H22	J21	J22
点阵	CA_1	CA_2	CA_3	CA_4	CA_5	CA_6	CA_7	CA_8
FPGA 引脚	M22	N22	B22	B21	C22	C21	D22	D21
点阵	CA_9	CA_{10}	CA_{11}	CA_{12}	CA_{13}	CA_{14}	CA_{15}	CA_{16}
FPGA 引脚	K21	K22	L21	P22	P21	R22	R21	U22

8. AD/DA 模块（M5）

AD/DA 模块如图 F-14 所示。

图 F-14 AD/DA 模块

DA 模块由 2 个 DAC0832 及运放等电路构成，输入 8 位数字信号，输出接示波器，可实时观测结果。DA 对应的 FPGA 引脚见表 F-11。

AD 模块由 ADC0809 构成，其对应的 FPGA 引脚见表 F-12。

表 F-11 DA 对应的 FPGA 引脚

DAC0832a	DAC1 [7]	DAC1 [6]	DAC1 [5]	DAC1 [4]	DAC1 [3]	DAC1 [2]	DAC1 [1]	DAC1 [0]
FPGA 引脚	M6	N8	L7	M7	J7	K7	H6	J6
DAC0832b	DAC2 [7]	DAC2 [6]	DAC2 [5]	DAC2 [4]	DAC2 [3]	DAC2 [2]	DAC2 [1]	DAC2 [0]
FPGA 引脚	F8	F7	G9	F9	G13	G10	F14	G11

表 F-12　AD 对应的 FPGA 引脚

ADC0809	ADC_7	ADC_6	ADC_5	ADC_4	ADC_3	ADC_2	ADC_1	ADC_0
FPGA 引脚	V5	V7	P5	R5	M5	N5	H5	L6
ADC0809	START	ALE	EOC	ENAB（OE）	CLK	ADD_C	ADD_B	ADD_A
FPGA 引脚	Y10	V8	V6	V10	T5	T11	W7	V9

9. 交通灯模块（M6）

交通灯模块如图 F-15 所示。

图 F-15　交通灯模块

该模块由 20 个各色的发光二极管构成，适用于交通灯控制电路的输出显示。交通灯对应的 FPGA 引脚见表 F-13。

表 F-13　交通灯对应的 FPGA 引脚

交通灯	D_1	D_2	D_3	D_4	D_5	D_6	D_7	D_8
FPGA 引脚	T9	T8	Y17	AA14	AA13	V12	V11	Y6
交通灯	D_9	D_{10}	D_{11}	D_{12}	D_{13}	D_{14}	D_{15}	D_{16}
FPGA 引脚	M3	A10	B10	A9	B9	A8	B8	A7
交通灯	D_{17}	D_{18}	D_{19}	D_{20}	蜂鸣器			
FPGA 引脚	B7	A6	B6	D6	Y8			

另外，还有 4 个动态共阳极数码管，位选低电平有效，对应的 FPGA 引脚见表 F-14。

表 F-14　动态共阳极数码管对应的 FPGA 引脚

位选	数码管 1	数码管 2	数码管 3	数码管 4				
FPGA 引脚	J3	W8	U11	W10				
段选	a	b	c	d	e	f	g	dp
FPGA 引脚	G5	G4	C7	E3	C6	J4	C4	E4

10. 电机模块（M7）

电机模块包括直流电机和步进电机，如图 F-16 所示。

图 F-16　电机模块

电机对应的 FPGA 引脚见表 F-15。

表 F-15　电机对应的 FPGA 引脚

步进电机	AP	BP	CP	DP
FPGA 引脚	Y22	W21	W14	Y21
直流电机	DM +	DM −	CNTN	
FPGA 引脚	AA20	AA21	AA19	

另外，还有 4 个共阳极数码管，位选低电平有效，对应的 FPGA 引脚见表 F-16。

表 F-16　共阳极数码管对应的 FPGA 引脚

段选	a	b	c	d	e	f	g	dp
FPGA 引脚	AB16	AB18	AB19	AB20	AB14	AA15	AA16	AA18
位选	数码管 0	数码管 1	数码管 2	数码管 3				
FPGA 引脚	AB9	AB10	AB13	AB15				

11. SD 卡

SD 卡是常用的存储设备，此处扩展出来的 SD 卡为 MicroSD 卡，支持 SPI 模式，位于核心板的右下角，SD 卡槽如图 F-17 所示。

SD 卡对应的 FPGA 引脚见表 F-17。

图 F-17　SD 卡槽

表 F-17　SD 卡对应的 FPGA 引脚

SD 卡	CS	MOSI	MISO	CLK
FPGA 引脚	F20	M21	M20	D20

12. SDRAM

开发板板载了 SDRAM 芯片，型号为 HY57V2562GTR，容量为 256Mb（16M × 16b），16 位总线。SDRAM 可用于数据缓存，比如从 SD 卡读取的数据暂存到 SDRAM 中，然后通过显示屏进行显示，其中 SDRAM 就是用于数据缓存的。

SDRAM 对应的 FPGA 引脚见表 F-18。

表 F-18　SDRAM 对应的 FPGA 引脚

HY57V2562GTR	A_0	A_1	A_2	A_3	A_4	A_5	A_6	A_7
FPGA 引脚	M1	M2	N1	N2	AB5	AA5	AB4	AA4
HY57V2562GTR	A_8	A_9	A_{10}	A_{11}	A_{12}	DB_0	DB_1	DB_2
FPGA 引脚	AB3	AA3	J1	Y2	Y1	E1	D2	B1
HY57V2562GTR	DB_3	DB_4	DB_5	DB_6	DB_7	DB_8	DB_9	DB_{10}
FPGA 引脚	B2	B3	A3	B4	A4	V2	V1	U2
HY57V2562GTR	DB_{11}	DB_{12}	DB_{13}	DB_{14}	DB_{15}	BA_0	BA_1	nCAS
FPGA 引脚	U1	P1	P2	R1	R2	H1	J2	F2
HY57V2562GTR	CKE	nRAS	nWE	nCS	DQM_0	DQM_1	CLK	
FPGA 引脚	W2	F1	A5	H2	B5	W1	E5	

参 考 文 献

[1] 陈龙，盛庆华，黄继业，等．数字电子技术基础［M］.3 版．北京：科学出版社，2019.

[2] 潘松，黄继业，潘明．EDA 技术实用教程：Verilog HDL 版［M］.5 版．北京：科学出版社，
2013.

[3] 张亚君，陈龙．数字电路与逻辑设计实验教程［M］.北京：机械工业出版社，2008.

[4] 龚之春．数字电路［M］.成都：电子科技大学出版社，2004.

[5] 王彩君，杨睿，周开邻．数字电路实验［M］.北京：国防工业出版社，2006.

[6] 邹其洪，黄智伟，高嵩，等．电工电子实验与计算机仿真［M］.北京：电子工业出版
社，2005.

[7] 阎石．数字电子技术基础［M］.5 版．北京：高等教育出版社，2006.

[8] 吴厚航．FPGA 设计实战演练（逻辑篇）［M］.北京：清华大学出版社，2015.

[9] 陈金鹰．FPGA 技术及应用［M］.北京：机械工业出版社，2015.

[10] 罗杰，谭力，刘文超，等．Verilog HDL 与 FPGA 数字系统设计［M］.北京：机械工业出版
社，2015.

[11] 杜勇．锁相环技术原理及 FPGA 实现［M］.北京：电子工业出版社，2016.

[12] 李莉，张磊，董秀则．Altera FPGA 系统设计实用教程［M］.北京：清华大学出版
社，2014.

[13] 牛小燕，李芸．数字系统课程设计指导教程［M］.北京：电子工业出版社，2016.

[14] 胡全连．数字电路与逻辑设计［M］.北京：机械工业出版社，2012.

[15] 唐磊，宋彩利，李润洲．数字电路设计及实现［M］.西安：西安电子科技大学出版
社，2010.

[16] 陈忠平，高金定，高见芳．基于 Quartus II 的 FPGA/CPLD 设计与实践［M］.北京：电子工
业出版社，2010.